# DIE RAKETENWAFFEN UND FLUGKÖRPER DER WELT

Michael J. H. Taylor / John W. R. Taylor

# DIE RAKETEN-WAFFEN UND FLUGKÖRPER DER WELT

MOTORBUCH VERLAG STUTTGART

Einband und Schutzumschlag: Siegfried Horn.
Fotos: Aviation Week and Space Technology 2; Flight International 2: Howard Levy 1; Indonesian Air Force 1; Peter R. March 1; Ministry of Defence 2; Novosti 4; Ronaldo S. Olive 1; Royal Australian Navy 1; Royal Hellenic Air Force 1; Royal Netherlands Air Force 1; Soviet Weekly 10; Swedish Air Force 1; Tass 21; US Army 3; US Air Force 2; US Navy 8.


Die englische Ausgabe ist dort erschienen unter dem Titel MISSILES OF THE WORLD.
(ISBN 0-7110-0349-1)
Die Übertragung ins Deutsche besorgte
Dietrich Seidl.

ISBN 3-87943-297-x
1. Auflage 1973.

Satz und Druck: studiodruck, 7441 Raidwangen.
Bindung: Verlagsbuchbinderei Karl Dieringer, Stuttgart.
Printed in Germany.

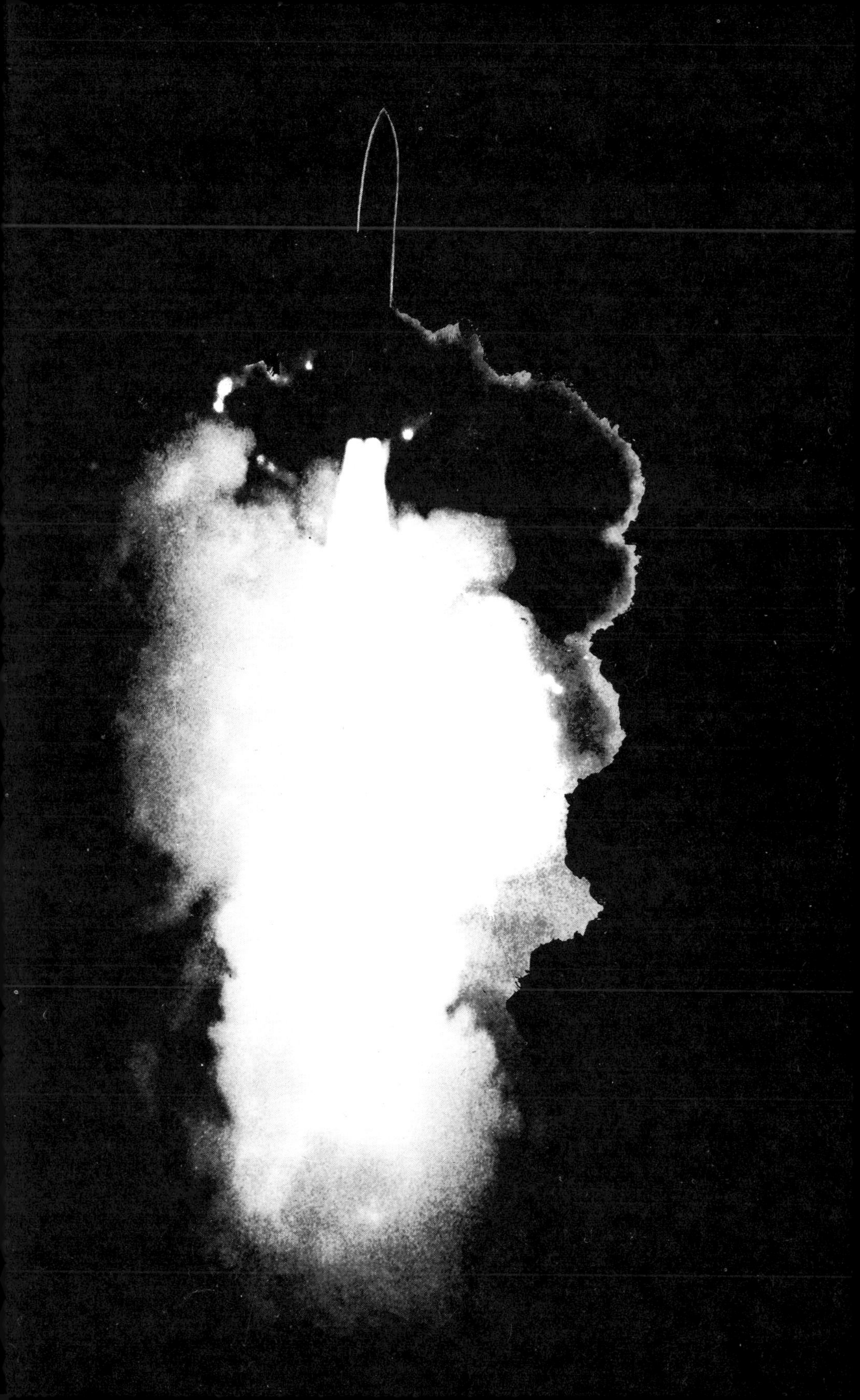

# Vorwort

Dieser Ergänzungsband zu „Military Aircraft of the World“ (im Motorbuch Verlag erschienen unter dem Titel „Vom weißen bis zum roten Stern – Die Militärflugzeuge der Welt“) enthält Angaben und Fotos sämtlicher Raketenwaffen und Flugkörper aus aller Welt, von denen bekannt ist, daß sie im Truppendienst oder in Entwicklung stehen. Die ballistischen Mittelstrecken- und Interkontinentalraketen, die in der Volksrepublik China produziert werden, fanden ebenso Aufnahme wie der gesamte Bereich von Lenkwaffen, die zu Tausenden in der UdSSR oder bei deren Verbündeten im Einsatz sind. Einige der verwendeten Fotos wurden noch nie zuvor veröffentlicht. Alle gemachten Angaben und sämtliche Werte entsprechen

Sowjetische Interkontinentalrakete in ihrem unterirdischen Startsilo.

dem neuesten Stand und wurden mit größtmöglicher Genauigkeit zusammengetragen. Ihre Zusammenstellung erfolgte mit der Unterstützung von Mitarbeitern, Herstellerfirmen und offiziellen Organisationen aus mehr als zwölf Ländern.

Dem Ingenieur und dem technisch interessierten Leser wird mit diesem Buch ein Werk in die Hand gegeben, das einheitliche Beschreibungen über alle Lenkwaffen enthält: Über die Styx beispielsweise, die den israelischen Zerstörer Eilat versenkte, über die Swingfire, die »um die Ecke« gestartet werden und auch schwerstgepanzerte Kampfpanzer ausschalten kann, über die gewaltige sowjetische SS-9, die einen Gefechtskopf mit einer Sprengkraft von 25 Megatonnen, eine Reihe kleinerer Nuklearköpfe oder eine »Weltraumbombe« mit sich führt, und über die britische Seacat, die so schlagkräftig ist, daß kein Schiff jener 15 Marinestreitkräfte, in deren Dienst sie steht, je angegriffen wurde. Jedenfalls haben wir den Versuch unternommen, die Informationen so wiederzugeben, daß sie auch vom technisch nicht vorgebildeten Leser verstanden werden können. Nach der Lektüre dieses Buches kann man bestimmt nicht umhin, von der Vielzahl der existierenden Lenkwaffen beeindruckt zu sein, die eine derartige Abschreckungswirkung haben, daß ein größerer Krieg heute unmöglich geworden ist.

MJHT
JWRT

## AAM-1 Japan

**Luft-Luft-Lenkwaffe; in Serienbau und Truppendienst.**

**Hauptauftragnehmer:** Mitsubishi Jukogyo Kabushiki Kaisha.
**Lenkung und Steuerung:** Infrarot-Zielsuchlenksystem.
**Gefechtskopf:** Hochexplosiv.

ENTWICKLUNG UND TRUPPENDIENST

Die Mitsubishi Heavy Industries entwickelten diese Luft-Luft-Lenkwaffe, um ein Nachfolgemuster der auf den F-86F und F-104J der Japanischen Selbstverteidigungs-Luftstreitkräfte verwendeten Sidewinder zu schaffen. Die Auslieferung der AAM-1 lief im November 1970 an; Anfang 1972 sollte nach Plan die Hälfte des gegenwärtig vorgesehenen gesamten Auftragsvolumens von 330 Lenkwaffen in Dienst gestellt sein. Details der AAM-1 wurden nicht zur Veröffentlichung freigegeben. Es ist nur bekannt, daß es sich dabei um eine Verfolgungskurs-Waffe handelt, die das Ziel nur von hinten anfliegen kann.

## AAM-2 Japan

**Luft-Luft-Lenkwaffe; in Entwicklung.**

**Hauptauftragnehmer:** Mitsubishi Jukogyo Kabushiki Kaisha.
**Lenkung und Steuerung:** Infrarot-Zielsuchlenksystem der Nihon Electric Company.
**Gefechtskopf:** Hochexplosiv.

ENTWICKLUNG UND TRUPPENDIENST

Die AAM-2 wird seit 1973 entwickelt und soll die Nachfolge der oben beschriebenen AAM-1 antreten. Über diese Lenkwaffe sind ebenfalls keine Details zur Veröffentlichung freigegeben. Man weiß nur, daß die AAM-2 hinsichtlich der Angriffsrichtung keinerlei Beschränkung unterliegt: Sie kann das Ziel aus allen Richtungen angreifen.

## ACRA Frankreich

**Halbautomatische Panzerabwehr-Lenkwaffe; in Entwicklung.**

**Hauptauftragnehmer:** Direction Technique des Armements Terrestres.

**Zelle:** Zylindrischer Rumpf mit kreuzförmigen, ausfahrbaren Steuerflächen geringer Tiefe und vier Rolldämpferflossen. Konischer Bug mit abgerundeter Spitze.

**Lenkung und Steuerung:** Leitstrahllenksystem; Steuerung über Steuerflächen im Heck.
**Gefechtskopf:** Hohlladung.
**Länge:** 1,20 m.
**Rumpfdurchmesser:** 0,142 m.
**Startgewicht:** 35 kg.
**Marschgeschwindigkeit:** 1800 km/h.
**max. Reichweite:** 3000 m.

## ENTWICKLUNG UND TRUPPENDIENST

Die halbautomatische Panzerabwehr-Lenkwaffe ACRA (**A**nti-**C**har **RA**pide) wird aus einer Rohrwaffe eines Kalibers von 142 mm verschossen und besitzt einen Gefechtskopf ausreichender Sprengkraft, um damit alle heute bekannten Panzermodelle mit einem einzigen Schuß zu vernichten. Die ACRA wurde vom Atelier de Construction de Puteaux (APX), das zum DTAT-Firmenkomplex gehört, zusammen mit einem ungelenkten Flugkörper geringerer Baulänge entwickelt, der aus der gleichen Rohrwaffe abgefeuert werden kann, aber gegen menschliche Ziele zum Einsatz gelangen soll. Die Anfangs-Mündungsgeschwindigkeit der von einem Kampfwagen zum Verschuß gebrachten ACRA beträgt 150 m/s und wird durch den Raketenantrieb auf 500 m/s gesteigert, was bedeutet, daß die maximale Reichweite von 3000 m in unter 7 Sekunden durchflogen wird. Die Möglichkeit gegnerischer Gegenaktionen wird so auf ein Minimum reduziert. ACRA wird entlang eines von einem Laser ausgestrahlten Infrarot-Leitstrahls gelenkt, der über das optische Visier des Schützen nachgeführt wird, das – ohne daß manuelle Steuerung erforderlich ist – nur mit dem Ziel zur Deckung gebracht werden muß. Die Lenkwaffe korrigiert automatisch ihren Kurs, indem sie über Sensoren Kursabweichungen durch Vergleich mit der Leitstrahlachse feststellt – eine Art der Lenkung, die unemp-

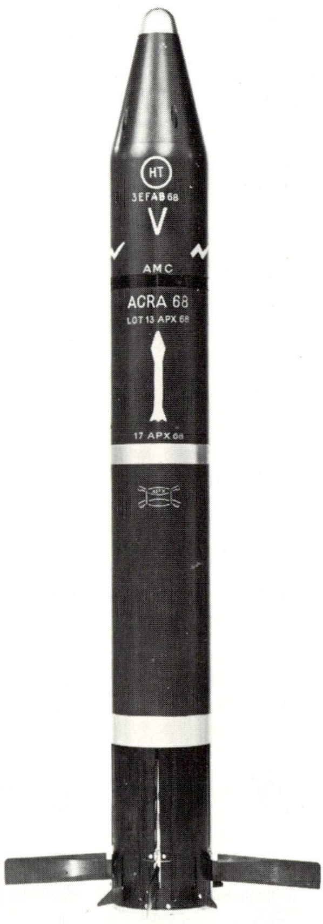

findlich gegen Störversuche ist und einen hohen Grad an Genauigkeit bietet. Das Erprobungsprogramm soll im Lauf des Jahres 1973 abgeschlossen sein, zehn Jahre nach Entwicklungsbeginn. ACRA wird anfänglich auf den gepanzerten Fahrzeugen AMX-10M der französischen Armee zum Einsatz kommen.

## Advanced Terrier (RIM-2F) USA

**Schiffgestützte Boden-Luft-Lenkwaffe; in Truppendienst.**

**Hauptauftragnehmer:** General Dynamics Corporation.
**Antrieb:** Zweistufen-Feststoff-Raketenmotoren in Tandembauweise von Allegany Ballistics Laboratory.
**Zelle:** Zweistufen-Auslegung in Tandem-Bauweise. Zylindrischer Rumpf mit langgestrecktem, spitz zulaufendem Bug, langen, kreuzförmig angeordneten Flächen konstant geringer Spannweite und kreuzförmigen Hecksteuerflächen unmittelbar dahinter. Zylindrisches Tandem-Starttriebwerk größeren Durchmessers mit kreuzförmig angeordneten Flossen (Delta) am Heck, die mit den Lenkwaffen-Flächen fluchten.
**Lenkung und Steuerung:** Leitstrahl-Lenksystem mit halbaktiver Zielsuche in der Endphase von General Dynamics (Pomona). Steuerung über bewegliche Hecksteuerflächen.
**Gefechtskopf:** Hochexplosiver Gefechtskopf vom Naval Ordnance Laboratory mit Annäherungszünder.
**Länge:** 8,23 m
**Rumpfdurchmesser:** Lenkwaffe 0,30 m, Starttriebwerk 0,406 m
**Flügelspannweite:** 0,51 m
**Startgewicht:** 1360 kg
**max. Reichweite:** über 32 km

### ENTWICKLUNG UND TRUPPENDIENST

Die ursprüngliche Terrier-Lenkwaffe (RIM-2A, früher SAM-N-7) ging aus einem Experimental-Flugkörper mit der Bezeichnung Lark hervor und ging auf den Schiffen der US Navy im Jahre 1956 in den Einsatz. Sie wurde sieben Jahre später von der fortgeschrittenen (advanced) Terrier abgelöst, die mit einem neuen Leitstrahl-Lenksystem ausgerüstet war, das größere Schlagkraft ge-

gen niedrig fliegende Flugzeuge und Mehrfach-Ziele bot und das Einsatzspektrum auf Boden-Boden-Betrieb erweiterte. Äußerlich unterscheidet sich die Advanced Terrier durch langgezogene Flächen von der normalen Terrier, die kleine Delta-Flächen besaß. Die Advanced Terrier steht heute noch auf vielen Angriffsschiffen, Kreuzern und Fregatten der USA sowie auf einem niederländischen und auf vier italienischen Kreuzern im Einsatz. Sie wird gegenwärtig vom Standard Missile (siehe Seite 218) abgelöst.

## Aegis — USA

**Schiffgestützte Boden-Luft-Lenkwaffe; in Entwicklung.**

**Hauptauftragnehmer:** Radio Corporation of America.
**Antrieb:** Doppelschub-Feststoffraketenmotor.
**Zelle:** Zylindrischer Rumpf mit kreuzförmig angeordneten Flächen großer Tiefe, die mit den ebenfalls kreuzförmig angeordneten Hecksteuerflächen fluchten. Spitz zulaufender Nasenkonus mit vier kleinen, nach vorn gepfeilten Flächen, an deren Spitze je eine Antenne sitzt.
**Lenkung und Steuerung:** Halbaktive Radarlenkung. Steuerung durch Hecksteuerflächen.
**Gefechtskopf:** Hochexplosiv.

### ENTWICKLUNG UND TRUPPENDIENST

Aegis war ursprünglich als ASMS bekannt (Advanced Surface Missile System – Fortgeschrittenes Boden-Lenkwaffensystem) und soll von 1976 bis in die achtziger Jahre hinein zum wichtigsten Flugzeugabwehrsystem der US Navy werden. Die Planung sieht vor, daß Aegis ein Flächenabwehrsystem bilden, also in der Lage sein soll, einen gesamten Kampfverband zu schützen. Aegis wird an Bord einer neuen Klasse von Zerstörern und Fregatten der US Navy zum Ersteinsatz gelangen; später ist ihre Verwendung auf den Flugzeugträgern der Nimitz-Klasse vorgesehen. Zu den besonderen Merkmalen des Aegis-Systems zählen ein elektronisches Abtastradar, das zu gleicher Zeit alle Richtungen überwachen kann, eine Mehrzweck-Startvorrichtung, mit der entweder Aegis oder Asroc (siehe Seite 23) zum Abschuß gebracht werden kann, und das neue computerisierte taktische Marine-Datensystem UYK-7 sowie Hochfrequenzradars zur Zielaufhellung. Die Entwicklungsarbeiten an Aegis laufen seit 1964. RCA erhielt im Dezember 1969 den Entwicklungsauftrag zugesprochen; die Flugerprobung des Systems soll 1973

starten. Auftragnehmer für den Entwurf von Lenkwaffe und Zusatzausrüstung ist Bendix, während Raytheon für die Entwicklung der Hochfrequenz-Zielaufhellungsgeräte und andere Elektronik verantwortlich zeichnet. Es steht zu erwarten, daß der Aegis-Flugkörper größenmäßig der Mittelstrecken-Standardlenkwaffe RIM 66-A (siehe Seite 218) gleichkommt. Es ist auch möglich, daß das Aegis-Grundsystem mit RIM-66 betrieben wird, bis die endgültige Version von Aegis einsatzbereit ist.

## Agile USA

**Luft-Luft-Lenkwaffe geringer Reichweite; in Entwicklung.**

**Lenkung und Steuerung:** Infrarotlenksystem.

**min. Reichweite:** 915 m

### ENTWICKLUNG UND TRUPPENDIENST

Agile ist eine Luftkampf-Lenkwaffe, die nach Plänen der US Navy als Bewaffnung der Grumman F-14 Tomcat vorgesehen ist, nachdem man mit früheren Luft-Luft-Lenkwaffentypen entsprechende Erfahrungen im Vietnamkrieg sammeln konnte. Agile soll eine große Manövrierfähigkeit aufweisen, um auf geringe Entfernungen gegen wendige gegnerische Kampfflugzeuge eingesetzt werden zu können. Es ist nicht unwahrscheinlich, daß auch die USAF, nachdem sie die Entwicklung der für die McDonnell Douglas F-15 gedachten Luftkampf-Lenkwaffe AIM-82A auf-

Attrappe der Albatros

gegeben hat, Interesse an Agile bekunden wird. Für das Agile-Projekt ist das Naval Weapons Center in China Lake im US-Bundesstaat California verantwortlich. Ein Auftrag auf die Fertigung des Infrarot-Suchers wurde der Hughes Aircraft Company erteilt.

## Albatros

## Frankreich/Italien

**Luft-See-Lenkwaffe gegen Schiffsziele; in Entwicklung.**

**Hauptauftragnehmer:** SA Engins Matra, Frankreich, und Oto Melara SpA, Italien.

**Antrieb:** Strahltriebwerk Turboméca Arbizon III mit einer Schubleistung von 400 kp.

**Zelle:** Zylindrischer Rumpf mit spitz zulaufendem Nasenkonus. Vier Lufteinläufe mit Halbkreis-Querschnitt mit je einer Delta-Stabilisierungsfläche sind symmetrisch am Rumpf angeordnet. Kreuzförmige, mit den Stabilisierungsflächen fluchtende Hecksteuerflächen.

**Lenkung und Steuerung:** Lenkung in der Endphase von Thomson-CSF. Steuerung über Hecksteuerflächen.

**Gefechtskopf:** Hochexplosiv

**max. Reichweite:** 60 bis 80 km

ENTWICKLUNG UND TRUPPENDIENST

Albatros, eine Stand-Off-Waffe, kann von Marine-Aufklärern und -Bombern wie Atlantis und Nimrod zum Abschuß gebracht werden, und zwar aus einer Entfernung, die außerhalb der Reichweite gegenwärtiger oder geplanter Schiff-Luft-Abwehrsysteme liegt. Albatros besteht im wesentlichen aus der Heckbaugruppe der Schiff-Schiff-Lenkwaffe Otomat (Seite 128) und dem Vorderteil von Martel (Seite 111), benötigt jedoch nicht die Starttriebwerke der Otomat, da sie von Flugzeugen aus zum Abschuß gebracht wird. Nach dem Start geht Albatros auf sehr geringe Flughöhe, die von einem Radio-Höhenmesser gehalten wird, und erreicht nur kurz vor dem Endanflug ins Ziel eine gewisse Ausgangshöhe, ähnlich wie die Otomat. Albatros soll 1973 einsatzbereit sein. Sie ist auch als Bewaffnung großer U-Boot-Kampfhubschrauber, wie z. B. des französischen Super Frelon, geeignet.

## Albatros — Italien

**Boden-Luft-Lenkwaffensystem; in Entwicklung.**

**Hauptauftragnehmer:** Selenia SpA.

### ENTWICKLUNG UND TRUPPENDIENST

Das Albatros-Waffensystem, das nicht mit der auf der vorigen Seite besprochenen Luft-See-Lenkwaffe gleichen Namens verwechselt werden darf, soll Marinefahrzeuge mit Allwetter-Punktabwehrfähigkeit gegen Flugzeug- oder Lenkwaffenangriffe — auch in niedrigen Höhen — versehen. Das Albatros-System besteht entweder aus einem Digital-Feuerleitsystem von Ferranti (GA-10) oder aus dem Feuerleitsystem Elsag NA-10, ferner aus dem Verfolgungsradar Selenia Orion RTN, einem Lenkwaffen-Startsystem und einer oder zwei Flugzeugabwehrkanonen sowie einigen AIM-7 Sparrow-Lenkwaffen (siehe Seite 202). Die Lenkwaffen wurden dahingehend modifiziert, daß sie faltbare Stabilisierungsflächen und verkürzte Heckflossen erhielten, um in den Startbehälter zu passen, und daß die Anlaufzeit bis zum Einsatz ganz wesentlich herabgesetzt wurde. Für die Bedienung des Albatros-Systems, also für die Ausführung der Lenkfunktionen, zum Lenkwaffenstart und zur Feuerleitung der Kanonen, wird nur ein Mann benötigt. Der Abwehrschirm reicht von der maximalen Reichweite der Lenkwaffen (über 10 km) bis hinunter bis zur wirksamen Mindestreichweite der Kanonen (ca. 300 m).

Der offizielle Auftrag zum Entwicklungsbeginn am Albatros-System wurde der Selenia Anfang 1968 erteilt. Auf die erfolgreichen Schießversuche gegen Zieldarstellungskörper in Sardinien folgten Einsatz-Bewertungstests an Bord eines Schiffes der italienischen Marine. Die Serienfertigung ist 1972 angelaufen.

Alkali-Lenkwaffen unter der Tragfläche einer MiG-19.

## Alkali UdSSR

**Luft-Luft-Lenkwaffe; in Truppendienst.**

**Antrieb:** Feststoff-Raketenmotor.
**Zelle:** Im wesentlichen zylindrischer Rumpf mit großen, kreuzförmig angeordneten Delta-Stabilisierungsflächen im Heck, die mit kleinen, ebenfalls kreuzförmig angeordneten vorderen Flächen fluchten. Steuerflächen an Hinterkanten der großen Stabilisierungsflächen.
**Lenkung und Steuerung:** Radar-Zielsuchsystem. Steuerung über Steuerflächen an Hinterkanten der Stabilisierungsflächen.

ENTWICKLUNG UND TRUPPENDIENST

Die Luft-Luft-Lenkwaffe Alkali rüstet die Allwetter-Interzeptorversionen der MiG-19 aus, die im Dienst einiger sowjetischer Alliierter und befreundeter Staaten stehen. Alkali war die Lenkwaffenbewaffnung der ersten Generation für die MiG-19 und der ursprünglichen Sukhoi Su-9-Version.

## Anab UdSSR

**Luft-Luft-Lenkwaffe; in Truppendienst.**

**Zelle:** Zylindrischer Rumpf mit großen, kreuzförmig angeordneten Heckflossen und kleinen kreuzförmigen Enten-Vorflügeln.
**Lenkung und Steuerung:** Entweder Infrarot- oder halbaktives Radar-Zielsuch-Lenksystem. Steuerung über bewegliche Vorflügel.

**Gefechtskopf:** Hochexplosiv.

**Länge:** Infrarot-Version 4,1 m, Radar-Version 4,0 m.

Anab-Lenkwaffen unter der Tragfläche einer Su-11.

ENTWICKLUNG UND TRUPPENDIENST

Ebenso wie die USAF haben auch die sowjetischen Luftstreitkräfte die Vorteile erkannt, die das Mitführen von Infrarot- und Radar-Zielsuchlenkwaffen auf Abfangjägern mit sich bringt, vor allem bei unterschiedlichen Wetterbedingungen und wechselnden taktischen Gegebenheiten. Die Allwetterjäger vom Typ Sukhoi Su-9 und Yakowlew Yak-28 der sowjetischen Luftstreitkräfte sind aus diesem Grund mit je einer Version der Anab-Lenkwaffe bewaffnet, die an Unterflügelstationen mitgeführt werden. Das gleiche gilt für die neue, einsitzige, zweistrahlige Su-11.

## AS.11 (AGM-22A) — Frankreich

**Taktische Luft-Boden-Lenkwaffe; in Serienbau und Truppendienst.**

**Hauptauftragnehmer:** Divison Engins Tactiques der Aérospatiale.
**Antrieb:** Zweistufiger Feststoff-Raketenmotor.
**Zelle:** Zylindrischer Rumpf mit kreuzförmig angeordneten, gepfeilten Flächen und abgerundetem Bug.
**Lenkung und Steuerung:** Drahtlenkung. Steuerung durch Änderung des Marschschubes über zwei seitliche Düsen.
**Gefechtskopf:** Hochexplosiv, große Splitterwirkung (gegen menschliche Ziele) oder panzerbrechend (verschiedene Gefechtskopftypen).
**Länge:** 1,20 m
**Rumpfdurchmesser:** 0,16 m
**Spannweite:** 0,50 m
**Startgewicht:** 29,9 kg
**Mittlere Marschgeschwindigkeit:** 580 km/h
**Reichweite:** 500 bis 3000 m

Zwei an einem Scout-Hubschrauber installierte AS.11-Lenkwaffen.

ENTWICKLUNG UND TRUPPENDIENST

Die AS.11 ist die Luft-Boden-Ausführung der taktischen Lenkwaffe SS.11 (siehe Seite 211). Wird die AS.11 von Hubschraubern aus eingesetzt, so erfolgt die Lenkung normalerweise mit einem speziell für diese Einsatzart entwickelten stabilisierten Visier. Die AS.11 ist in großer Zahl bei den Streitkräften Frankreichs und den Luftstreitkräften anderer Länder, darunter Großbritannien und USA, im Einsatz (US-Bezeichnung AGM-22A).

## AS.12 — Frankreich

**Luft-Boden-Lenkwaffe; in Truppendienst.**

**Hauptauftragnehmer:** Nord-Aviation/ Aérospatiale.
**Antrieb:** Zweistufiger Feststoff-Raketenmotor.
**Zelle:** Zylindrischer Rumpf mit kreuzförmig angeordneten Stabilisierungsflächen und aufgedicktem Bug.
**Lenkung und Steuerung:** Drahtlenkung. Die Lenkwaffe wird drallstabilisiert und durch Veränderung des Marschschubes über zwei seitliche Düsen gesteuert. Die AS.12 kann auf automatische Fernsteuerung (TCA-Télécommande Automatique) umgerüstet werden, wie sie auf Seite 13 bei der AS.30 beschrieben ist.
**Gefechtskopf:** Hochexplosiv, Gewicht 30 kg.
**Länge:** 1,87 m
**Rumpfdurchmesser:** 0,18 m
**Spannweite:** 0,65 m
**Startgewicht:** 75 kg
**Aufschlaggeschwindigkeit:** 335 km/h bei einer Startgeschwindigkeit von 370 km/h
**max. Reichweite (zum Flugzeug):** 5500 m

AS.12 an der Unterflügel-Station einer Alizé der französischen Marine.

## ENTWICKLUNG UND TRUPPENDIENST

Durch die maßstäbliche Vergrößerung der SS.11- und AS.11-Grundversionen zur SS.12 und AS.12 war es der Nord-Aviation möglich geworden, einen viel größeren Gefechtskopf einzubauen und auf diese Weise eine Lenkwaffe zu schaffen, die auch gegen befestigte Stellungen, Schiffe, Panzer und andere Fahrzeuge eingesetzt werden konnte. Die panzerbrechende Version durchschlägt eine Stahlpanzerung von 40 mm Dicke und explodiert auf der anderen Seite. Es existieren ferner Versionen mit Gefechtsköpfen, die speziell für die Panzerbekämpfung und für den Einsatz gegen lebende Ziele (Splittergefechtskopf) ausgelegt sind. Die meisten AS.12 sind mit manueller Steuerung ausgerüstet; automatische Fernsteuerung (TCA) ist jedoch möglich. Die AS.-12 steht auf den U-Boot-Kampfflugzeugen Breguet Alizé und Atlantic im Einsatz und wird als Alternativbewaffnung zur Albatros auf der Nimrod an Unterflügelstationen mitgeführt. Vier AS.12, die über ein stabilisiertes optisches Visier gelenkt werden, sind als Bewaffnung der anglo-französischen Hubschrauberentwicklung Lynx vorgesehen.

AS.30 (links) und AS.20 (rechts) unter der linken Tragfläche eines Vautour-Allwetterkampfflugzeuges der französischen Luftstreitkräfte.

# AS.20

## Frankreich

**Luft-Boden-Lenkwaffe; in Truppendienst.**

**Hauptauftragnehmer:** Nord Aviation/ Aérospatiale.
**Antrieb:** Doppelschub-Feststoffraketenmotor. Starttriebwerkauslaß über zwei seitliche Düsen. Marschtriebwerkauslaß über Heckdüse.
**Zelle:** Zylindrischer Rumpf mit spitz zulaufendem Bug und kreuzförmig angeordneten, für die Drallstabilisierung versetzten Flächen.
**Lenkung und Steuerung:** Funk-Fernlenkung durch den Piloten des Trägerflugzeugs über Verfolgungs-Flare am Lenkwaffenheck.
**Gefechtskopf:** Hochexplosiv, Gewicht mit Aufschlagzünder 30 kg.
**Länge:** 2,60 m
**max. Rumpfdurchmesser:** 0,25 m
**Spannweite:** 0,80 m
**Startgewicht:** 143 kg
**Höchstgeschwindigkeit:** Mach 1,7
**max. Reichweite:** 7 km

### ENTWICKLUNG UND TRUPPENDIENST

Jedes Flugzeug, das die AS.20 bei einer Geschwindigkeit von Mach 0,7 oder darüber zum Abschuß bringen kann, ist als AS.20-Träger geeignet. Die Nord-Aviation (jetzt Aérospatiale) hat mehr als 7000 Einheiten für die Luft- und Marinestreitkräfte Frankreichs und von vier anderen Ländern produziert. Die AS.20 ist die Standard-Luft-Boden-Waffe der Mirage III.
In der Bundesluftwaffe und bei den italienischen Luftstreitkräften bildet sie die Bewaffnung der Fiat G.91. Flugzeuge, die die schub-

stärkere AS.30 (siehe weiter unten) verwenden, können – mit Hilfe eines Spezialadapters – die AS.20 als Übungslenkwaffe verschießen. Die AS.20 kann auch mit dem unten beschriebenen optischen Ziel- und Infrarot-Lenksystem der AS.30 eingesetzt werden.

## AS.30 — Frankreich

**Taktische Luft-Boden-Lenkwaffe; in Truppendienst.**

**Hauptauftragnehmer:** Nord-Aviation/Aérospatiale, Divisons Engins Tactiques.
**Antrieb:** Zweistufiger Feststoff-Raketenmotor.
**Zelle:** Zylindrischer Rumpf mit spitz zulaufendem Bug. Versetzte, kreuzförmig angeordnete gepfeilte Flügel, die mit kreuzförmigen ausfahrbaren Heckflossen fluchten.
**Lenkung und Steuerung:** Funk-Fernlenkung mit auf Wunsch lieferbarem TCA (Télécommande Automatique)-System.
**Gefechtskopf:** Hochexplosiv, Gewicht 230 kg, mit Verzögerungs- oder Aufschlagzünder.
**Länge:** 3,84 m oder 3,89 m (je nach Gefechtskopf).
**Rumpfdurchmesser:** 0,34 m
**Spannweite:** 1,00 m
**Startgewicht:** 520 kg
**Aufschlaggeschwindigkeit:** 1620 bis 1800 km/h
**Durchschnittsreichweite:** 11 bis 12 km

### ENTWICKLUNG UND TRUPPENDIENST

Diese sehr schlagkräftige Lenkwaffe, die – durch maßstäbliche Vergrößerung und Hinzufügung von ausfahrbaren Heckflossen – aus der AS.20 abgeleitet wurde, steht bei der Luftwaffe und Marine Frankreichs, bei der Royal Air Force und bei den Luftstreitkräften der Bundesrepublik, Israels, Südafrikas und der Schweiz im Einsatz. Sie wurde daraufhin ausgelegt, in einem 10-m-Kreis um den Zielpunkt aufzuschlagen (bei Abschuß in einer Zielentfernung von mindestens 10 km), ohne daß das Trägerflugzeug näher als 3 km an das Ziel heranzufliegen braucht. Diese Entwurfsforderungen wurden von den Serienmustern, von denen ca. 5500 zur Auslieferung gelangten, noch übertroffen. Die Mindeststartgeschwindigkeit für die AS.30 beträgt Mach 0,45 (keine obere Grenze).
Zahlreiche bei den französischen Luftstreitkräften verwendete AS.-30 wurden auf die automatische Fernlenkung TCA (Télécommande Automatique) umgerüstet. Das Bedienungspersonal braucht dann die Lenkwaffe nach dem Start nicht mehr zu erfassen und sie manuell über einen kleinen Steuerhebel auf das Ziel auszurichten; stattdessen richtet der Operator lediglich das optische Visier auf das Ziel. Nach dem Start der AS.30 nimmt ein Goniometer, dessen Bezugsachse quer zur optischen Vi-

sierachse steht, die Infrarotstrahlung eines an der Lenkwaffe angebrachten Flare auf. Das Goniometer gibt jede Abweichung der Lenkwaffe von dieser Achse an einen Computer weiter. Die entsprechenden Steuersignale werden dann über die Lenkdrähte automatisch an die Lenkwaffe übermittelt und richten sie parallel zur Visierlinie aus. Versuche haben ergeben, daß die Abweichung von der Visierlinie bei TCA weniger als 1 m beträgt.

## AS.30L — Frankreich

**Luft-Boden-Lenkwaffe; einsatzbereit.**

**Hauptauftragnehmer:** Aérospatiale, Divison Engins Tactiques.
**Antrieb:** Zweistufiger Feststoffraketenmotor.
**Zelle, Lenkung und Steuerung:** ähnlich wie bei AS.30, aber weiter hinten liegende Flügel geringerer Spannweite.
**Gefechtskopf:** Hochexplosiv, Gewicht 115 kg.
**Länge:** 3,60 m
**max. Rumpfdurchmesser:** 0,34 m
**Spannweite:** 0,90 m
**Startgewicht:** 380 kg

### ENTWICKLUNG UND TRUPPENDIENST

Diese leichtere Version der AS.30 wurde für die Verwendung auf Flugzeugen der G.91-Klasse entwickelt.

Ash-Lenkwaffen unter der Tragfläche einer frühen Tu-28P-Version. Die gegenwärtig im Einsatz befindlichen Tu-28P führen je vier Lenkwaffen mit.

## Ash UdSSR

**Luft-Luft-Lenkwaffe; in Truppendienst.**
**Zelle:** Im wesentlichen zylindrischer Rumpf. Große, kreuzförmig angeordnete Deltaflügel, fluchtend mit kreuzförmigen Hecksteuerflächen.
**Lenkung und Steuerung:** Entweder Infrarot- oder halbaktive Lenkung bzw. aktives Zielsuchradar-Lenksystem.
**Gefechtskopf:** Hochexplosiv.
**Länge:** Infrarot-Version 5,50 m, Zielsuchradar-Version 5,2 m

ENTWICKLUNG UND TRUPPENDIENST

Ash, die größte gegenwärtig im Truppendienst befindliche sowjetische Luft-Luft-Lenkwaffe, wird – normalerweise in beiden Versionen (s. o.) – von den Allwetterjägern der sowjetischen Luftstreitkräfte mitgeführt. Der große zweistrahlige Tupolew Tu-28P-Interzeptor ist mit zwei Unterflügelstationen zur Aufnahme von je einer der beiden Ash-Versionen ausgerüstet.

## Asroc (RUR-5A) USA

**U-Boot-Bekämpfungslenkwaffe; in Truppendienst.**

**Hauptauftragnehmer:** Honeywell Inc.
**Antrieb:** Feststoff-Raketenmotor von Naval Propellant Plant.
**Zelle:** Zylindrischer Rumpf aus Aluminiumlegierung, der aus zwei Hälften besteht, die die Verbindung zwischen dem Torpedo im Bug und dem Raketenmotor im Heck bilden. Kreuzförmig angeordnete Heckflossen.
**Lenkung und Steuerung:** Nach dem Start ungelenkte ballistische Flugbahn in Richtung der vom Schiff-Sonar festgestellten Zielposition. Torpedo-Gefechtskopf mit akustischer Zielsucheinrichtung oder ungelenkter Nuklear-Wasserbombe.
**Gefechtskopf:** Entweder General Electric Mk.44 Model 0 (Hochgeschwindigkeits-Torpedo mit akustischer Zielsuche), Aerojet-General Mk.46 Model 0 (fortgeschrittenes Torpedo mit akustischer Zielsuche) oder Honeywell Mk.46 Model 1 bzw. eine vom Naval Weapons Center und Honeywell gemeinsam entwickelte Nuklear-Wasserbombe.
**Länge:** 4,57 m
**Rumpfdurchmesser:** 0,30 m
**Flossenspannweite:** 0,76 m
**Startgewicht:** 450 kg
**Reichweite:** 1,6 bis 9 km

Asroc an einem modifizierten Terrier-Doppel-Startsystem.

Standard- Achtfach- Schwenkstartanlage für die Asroc

ENTWICKLUNG UND TRUPPENDIENST

Die Asroc-Entwicklung lief im Juni 1956 an. Drei Jahre später, nach erfolgreich durchgeführten Schießversuchen, wurde die Serienfertigung gestartet. Asroc steht seit Sommer 1961 auf Zerstörern, Begleitbooten und Kreuzern der US Navy und auf dem japanischen Zerstörer Amatsukaze im Einsatz. Im Gefechtseinsatz werden Kurs, Entfernung und Geschwindigkeit des gegnerischen U-Bootes Sekunden nach seiner Ortung durch Sonar vom Bordcomputer des Trägerschiffes errechnet. Dann werden das acht Lenkwaffen fassende Startgerät oder die modifizierte Terrier-Startanlage, die zwei Asroc aufnehmen kann, in Feuerposition gebracht. Der Kommandant wählt dann die Lenkwaffe mit dem am besten geeigneten Gefechtskopf aus und bringt sie zum Abschuß. Auf dem Weg zum Ziel wird der Raketenmotor auf ein Signal hin abgestellt. Nach einer bestimmten Zeit wird ein Stahlband, das den Rumpf zusammenhält, von einer kleinen Sprengladung durchtrennt, worauf der Rumpf in zwei Hälften zerfällt und die Wasserbombe im freien Fall bzw. das Torpedo mit einem Fallschirm zu Wasser gebracht wird.

## Atoll — UdSSR

**Luft-Luft-Lenkwaffe; in Truppendienst.**

**Antrieb:** Feststoff-Raketenmotor.
**Zelle:** Zylindrischer Rumpf, kreuzförmig angeordnete vordere Dreiecks-Steuerflächen nahe am Bug, fluchtend mit festen kreuzförmigen Heckflossen.
**Lenkung und Steuerung:** Infrarot-Zielsuchlenkung. Steuerung über kreuzförmig angeordnete vordere Steuerflächen und kleine, kreiselgesteuerte Klappen an der Hinterkante jeder Heckflossenspitze.
**Gefechtskopf:** Hochexplosiv.
**Länge:** 2,80 m
**Rumpfdurchmesser:** 0,12 m
**Flossenspannweite:** 0,53 m

Atoll unter dem rechten Flügel einer MiG-21PF.

ENTWICKLUNG UND TRUPPENDIENST

Atoll, die Standardbewaffnung der MiG-21, die bei den sowjetischen Luftstreitkräften und außerhalb der Sowjetunion Dienst tun, gleicht in der Auslegung, Größe und im Lenksystem dem US-Muster Sidewinder (Seite 196). Man kann annehmen, daß sie ihrem amerikanischen Gegenstück auch hinsichtlich der Leistungen und Einsatzgrenzen ähnelt. Zu jenen Flugzeugen, die – Beobachtungen zufolge – ebenfalls Atoll-Lenkwaffen an Unterflügelstationen mitführen können, gehört auch die Yak-28P.

# Bantam — Schweden

**Leichte Panzerabwehrrakete; in Serienbau und Truppendienst.**

**Hauptauftragnehmer:** Aktiebolaget Bofors.
**Antrieb:** Zweistufiger Feststoffraketenmotor.
**Zelle:** Zylindrischer Rumpf mit abgerundet zulaufendem Bug und kreuzförmig angeordneten Stabilisierungsflächen im Heck, die zum Großteil aus GFK bestehen. Vibrationspoiler in Endkanten der Flächen, die sich entfalten, wenn die Lenkwaffe den Startcontainer verläßt.
**Lenkung und Steuerung:** Drahtlenkung. Die Lenkwaffe wird mittels der umgebogenen hinteren Ecke der Flächen drallstabilisiert. Steuerung über Schüttelspoiler.
**Gefechtskopf:** Hochexplosiv, Gewicht 1,9 kg.
**Länge:** 0,85 m
**Rumpfdurchmesser:** 0,11 m
**Spannweite:** 0,40 m
**Startgewicht:** 7,5 kg
**Marschgeschwindigkeit:** 306 km/h
**Reichweitengrenzen:** 250 bis 2000 m

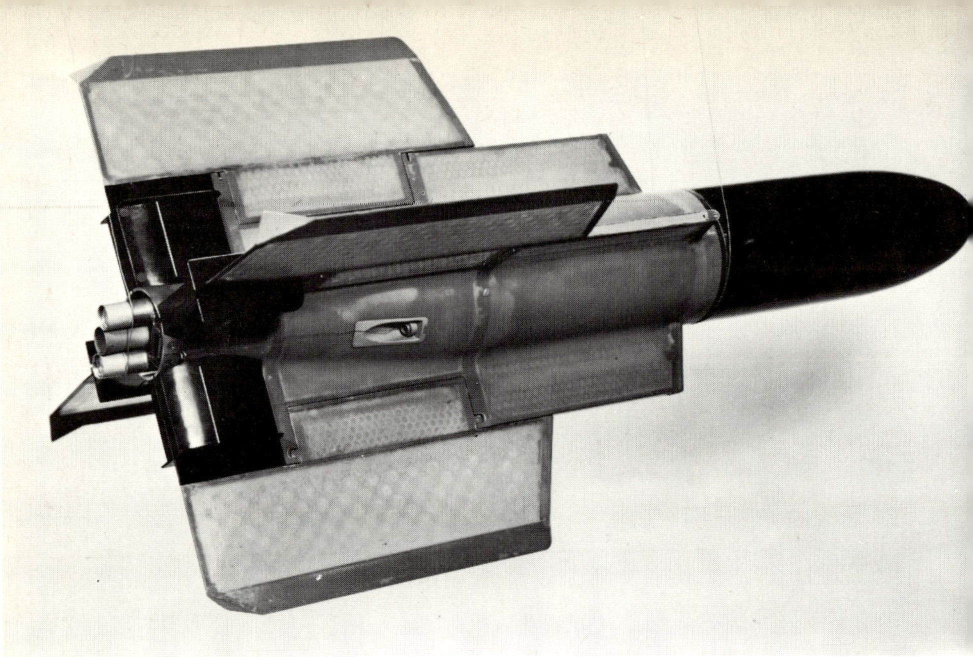

ENTWICKLUNG UND TRUPPENDIENST

Diese kleine drahtgelenkte Panzerabwehrrakete wurde auf die Bedienbarkeit durch einen einzigen Infanteristen ausgelegt. 12 Stück davon können – in einsatzbereitem Zustand – auf einem leichten geländegängigen Fahrzeug vom Typ Puch Haflinger mitgeführt werden. Jede Lenkwaffe ist in einem kompletten Tragegestell untergebracht für den Fall, daß sie direkt auf dem Gefechtsfeld für den infanteristischen Einsatz benötigt wird. Die Bantam-Lenkwaffe wurde auch erfolgreich vom leichten Kampfflugzeug Malmö Mili-Trainer und vom Hubschrauber Agusta-Bell 204 zum Abschuß gebracht.

Das Gewicht des kompletten Bantam-Waffensystems einschließlich Startgerät, Tragegestell, Kabel und Steuereinheit, beträgt 20 kg. Für Aufstellung und Abschuß der Lenkwaffe werden nur ca. 25 Sekunden benötigt. Aufträge, die zur Zeit von der schwedischen und schweizerischen Armee vorliegen, sichern die Bantam-Produktion bis weit in die Mitte der siebziger Jahre. Mit weiteren Aufträgen ist zu rechnen.

## Bloodhound Mk.2 — Großbritannien

**(Schwedische Luftwaffenbezeichnung: RB68)**

**Boden-Luft-Lenkwaffe; in Truppendienst.**

Bloodhound 2 der RAF

**Hauptauftragnehmer:** British Aircraft Corporation, Guided Weapons Divison.
**Antrieb:** 2 Rolls-Royce Bristol Thor-Staustrahltriebwerke, 4 abwerfbare Feststoff-Starttriebwerke von Bristol Aerojet.
**Zelle:** Zylindrischer Metallrumpf mit spitz zulaufendem Bugkonus. Schwenkbare Flächen im hinteren Rumpfbereich, die mit den festen Heckflächen fluchten. Staustrahltriebwerke an Stielen über und unter dem Rumpf im hinteren Bereich, 4 Starttriebwerke mit je 1 großen Stabilisierungsflosse in gleichmäßigem Abstand außen am Rumpf.
**Lenkung und Steuerung:** Halbaktive Radar-Zielsuche mittels Ferranti Firelight- oder GEC/AEI Scorpion-Zielausleuchtungsradar. Steuerung über die Flächen, die entweder unabhängig voneinander oder gemeinsam gedreht werden können.
**Gefechtskopf:** Hochexplosiv, Annäherungszünder.
**Länge:** max. 8,46 m
**Rumpfdurchmesser:** max. 0,546 m
**max. Spannweite:** 2,83 m
**max. Reichweite:** über 80 km

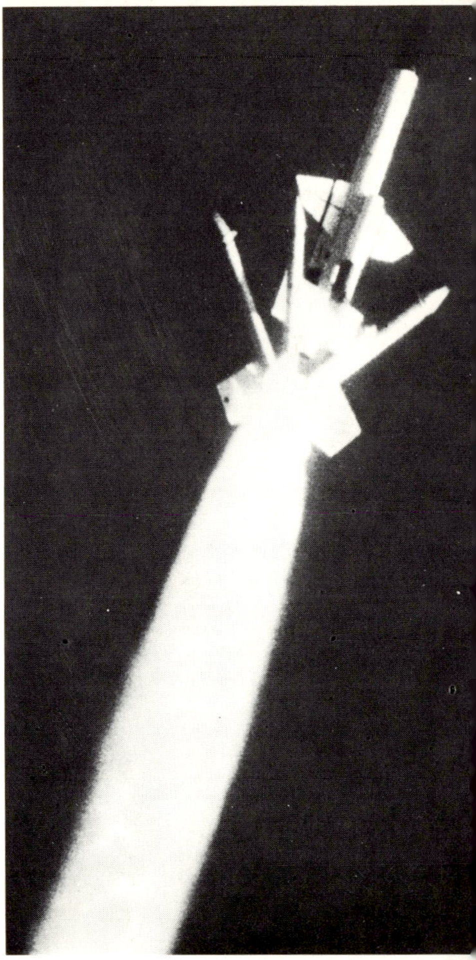

Absprengen der Feststoff-Starttriebwerke von einer Bloodhound nach dem Start.

## ENTWICKLUNG UND TRUPPENDIENST

Die Bloodhound wurde ursprünglich von der Bristol Aeroplane Co. Ltd. unter der Codebezeichnung Red Duster entwickelt und sollte die Standard-Lenkwaffe der RAF für die Verteidigung des britischen Mutterlandes werden. Die Version Mk.1 war die erste britische Waffe dieser Kategorie, die in Dienst gestellt wurde (Mitte 1958). Sie wurde später von der Mk.2 abgelöst, auf die die obige Beschreibung zutrifft und die leistungsstärkere Thor-Staustrahltriebwerke und Starttriebwerke sowie eine Lenkung durch Dauerstrichradar erhielt und dadurch größere Reichweiten, erhöhte Schlagkraft und bessere Einsatzwirksamkeit in geringen Höhen erzielte. In Versuchen wurde nachgewiesen, daß die Bloodhound Mk.2 in der Lage war, schnell fliegende Ziele in Höhen unter 300 m zu zerstören. Die Bloodhound konnte, da sie lufttransportfähig war, zur Verstärkung von im Ausland stationierten Streitkräfteteilen herangezogen werden. Tatsächlich war sie auch seit Herbst 1969 bei der RAF in Malaysia stationiert. Als sich die britischen Streitkräfte aus Malaysia zurückzogen, wurde die Bloodhound vom Singapore Air Defence Command übernommen. Ferner setzen Schweden und die Schweiz die Bloodhound ein. Das RAF Strike Command in Großbritannien ist zur Zeit mit Bloodhound Mk.2 ausgerüstet. Die No.25 Squadron hat diese Waffe auf drei Luftstützpunkten in der Bundesrepublik im Einsatz.

## Blowpipe

## Großbritannien

**Boden-Luft-Lenkwaffe (von der Schulter abgefeuert); in Serienbau.**

**Hauptauftragnehmer:** Short Brothers and Harland Ltd.
**Antrieb:** Feststoff-Raketenmotor.
**Zelle:** Schlanker zylindrischer Rumpf mit langestrecktem, spitz zulaufendem Bug.

Blowpipe wird für Vibrationstests vorbereitet.

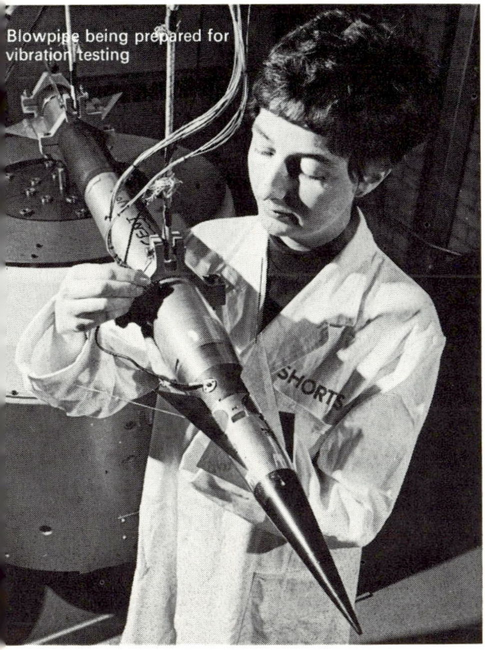


Kreuzförmig angeordnete Deltaflossen am Bug und kreuzförmige Deltaflossen am Heck, die auf einem Gleitring montiert sind, der beim Start fest einrastet.
**Lenkung und Steuerung:** Funk-Fernlenkung. Steuerung mit den vorderen Flächen.
**Gefechtskopf:** Hochexplosiv, durch Infrarot ausgelöster Annäherungszünder.
**Länge:** 1,35 m
**Rumpfdurchmesser:** 0,076 m
**Flossenspannweite:** 0,274 m
**Systemgewicht mit Lenkwaffe:** 18 kg

### ENTWICKLUNG UND TRUPPENDIENST

Shorts startete die Blowpipe-Entwicklung auf privater Basis. Man verwendete ein ähnliches Kommando- und Lenksystem wie jenes, das sich bereits auf der Seacat und Tigercat glänzend bewährt hatte. Das Waffensystem, das klein genug ist, um, von einem Fallschirmjäger getragen, von der Schulter aus abgeschossen zu werden und in einem Mehrfachbehälter aus Flugzeugen abgewor-

fen werden zu können, besteht lediglich aus der Lenkwaffe selbst, einem Transport- bzw. Startbehälter und einem am Behälter angebrachten Zielgeräteteil. Das Zubehör, darunter das Visier und der fingerbetätigte Steuerknüppel, mit dem Blowpipe ins Ziel gesteuert wird, sind im Zielgeräteteil untergebracht. Die Blowpipe kann vom Boden oder von einem stehenden Fahrzeug aus verschossen werden (Reaktionszeit 20 Sekunden). Wenn die Lenkwaffe den Behälter verläßt, gleitet die Heckflossengruppe, die im vorderen Teil des Containers untergebracht ist, den Lenkwaffenkörper entlang und rastet im Heck ein. Dadurch konnte man den Durchmesser des Behälters äußerst klein halten.
Die laufenden Entwicklungsarbeiten an der Blowpipe werden über einen Regierungsauftrag abgewickelt, um dem Bedarf der britischen Armee und Marine nach einer leichten Flugabwehr-Lenkwaffe nachzukommen. Eine Blowpipe-Weiterentwicklung ist das U-Boot-gestartete SLAM-Lenkwaffensystem der Vickers Shipbuilding Group (siehe Seite 200).

Blowpipe nach dem Abschuß aus dem Schulter-Startbehälter.

## Blue Steel

## Großbritannien

**Strategische Luft-Boden-Stand-Off-Lenkwaffe; in Truppendienst.**

**Hauptauftragnehmer:** Hawker Siddeley Dynamics Ltd.
**Antrieb:** Zweikammer-Flüssigtreibstoff-Raketenmotor Rolls-Royce Bristol Stentor BSSSt 1.

**Zelle:** Rumpf mit Kreisquerschnitt und langgestrecktem, spitz zulaufendem Bug. Zwei Delta-Steuerflächen in Mitteldeckeranordnung am Bug und zwei deltaförmige Seitenflossen, deren obere mit einem Ruder ausgerüstet ist, während die untere während des Startvorganges des Trägerflugzeugs gefaltet ist, um ausreichende Bodenfreiheit zu garantieren. Mit Querrudern und abgesenkten Spitzen versehene Heckflächen in Mitteldeckeranordnung im Heck.

**Lenkung und Steuerung:** Trägheitslenkung von Elliott-Automation.

Ebenflügelsteuerung über aerodynamische Flächen.
**Gefechtskopf:** Thermonuklear.
**Länge:** 10,67 m
**max. Rumpfdurchmesser:** 1,28 m
**Spannweite:** 3,96 m
**Reichweite:** ca. 320 km

Blue Steel auf dem Transportwagen.

## ENTWICKLUNG UND TRUPPENDIENST

Diese sehr schlagkräftige Überschall-Thermonuklear-Lenkwaffe bildete viele Jahre lang das Rückgrat der britischen Abschreckungspolitik: Sie war die Standardbewaffnung der Vulcan Mk.2 und Victor Mk.2-Bomber der Royal Air Force. Die Entwicklungsarbeiten wurden 1954 von der Firma A V Roe & Co., die jetzt in der Hawker Siddeley-Gruppe aufgegangen ist, gestartet. 1958 wurde die erste vollmaßstäbliche Blue Steel-Einheit, die noch von einem Raketentriebwerk des Typs de Havilland Double Spectre angetrieben wurde, abgeschossen. Dieses Triebwerk wurde auf den Serien-Blue Steel, die im Sommer 1962 auf den Vulcan Mk.2 der aus dem 2. Weltkrieg berühmten No 617 Squadron den Einsatz aufnahmen, vom jetzigen Stentor-Triebwerk ersetzt. Die No.617 Squadron nahm im folgenden Februar voll den Dienst auf, und bald darauf wurden andere Vulcan- und Victor-Squadrons ebenfalls auf Blue Steel umgerüstet. Als die sowjetische Abwehr ausgebaut wurde, erhielten diese Bomber sehr wirksame ECM-Ausrüstung (ECM – Electronic Countermeasures – elektronische Gegenmaßnahmen), um ihnen ihre Fähigkeiten zur Durchdringung der gegnerischen Verteidigungslinien zu er-

Blue Steel unter dem Rumpf einer Vulcan B Mk.2.

halten. In ihrer letzten Einsatzphase, bevor die Polaris-U-Boote der Royal Navy die Verantwortung für die nukleare Abschreckung übernahmen, wurden sowohl die Trägerflugzeuge als auch die Blue Steel-Lenkwaffen modifiziert und die Besatzungen daraufhin ausgebildet, in niedrigen Flughöhen unter dem gegnerischen Radarschirm in Richtung Ziel vorzudringen. 1972 waren nur noch die No.-27 und No.167 Squadron, die Vulcan fliegen und auf dem RAF-Stützpunkt Scampton liegen, mit Blue Steel ausgerüstet.

## Bomarc (CIM-10B) USA

**Langstrecken-Boden-Luft-Lenkwaffe; in Truppendienst.**

**Hauptauftragnehmer:** The Boeing Company.
**Antrieb:** 2 Marquardt RJ43-MA-7-Staustrahltriebwerke von je 5400 kp Schub. Integrales Feststoff-Starttriebwerk Thiokol M-51 von 22 680 kp Schub.
**Zelle:** Flugzeugauslegung. Zylindrischer Metallrumpf mit GFK-Radom im Bug. Mitteldeckerflügel mit schwenkbaren Außenflächen. Konventionelles Heck mit schwenkbaren Höhenflossen und schwenkbarer Seitenleitwerkspitze. Staustrahltriebwerke in Gondeln, die an Stielen unter dem Rumpf aufgehängt sind.
**Lenkung und Steuerung:** In der ersten Flugphase Funkfernlenkung von Western Electric. Zielanflug mit aktivem Zielsuchradar. Steuerung über aerodynamische Steuerflächen.
**Gefechtskopf:** Nuklear
**Länge:** 13,74 m
**Rumpfdurchmesser:** 0,89 m
**Spannweite:** 5,54 m
**Startgewicht:** 7272 kg
**Marschgeschwindigkeit:** Mach 2,8
**max. Reichweite:** 700 km

Bomarc werden während einer Übung aus ihren Startsilos hochgeschwenkt.

## ENTWICKLUNG UND TRUPPENDIENST

Bomarc, eine der wenigen echten Langstrecken-Boden-Luft-Lenkwaffen, die in bedeutendem Umfang im Einsatz stehen, geht auf ein Konzept aus dem Jahre 1949 zurück, das die Firma Boeing und das Michigan Aeronautical Research Center (MARC) der Universität von Michigan erarbeiteten. (Die Bezeichnung Bomarc setzt sich aus den Anfangsbuchstaben der beiden Partner zusammen.) Von 1959 an wurden mehr als 200 Startversuche auf der Eglin Air Force Base in Florida durchgeführt. Mit diesen Tests wurde unter Beweis gestellt, daß die Bomarc-Lenkwaffe in das SAGE-Verteidigungssystem der USA integriert werden konnte (SAGE – Semi-Automatic Ground Environment), das potentielle Ziele über dem nordamerikanischen Kontinent lokalisieren und dann jene Flugzeuge oder Lenkwaffen an diese Ziele heranführen sollte, die am besten zu ihrer Vernichtung geeignet waren. Ferner sollten Überschallziele in Höhen abgefangen werden, die weit über jenen liegen sollten, die zu dieser Zeit von Kampfflugzeugen oder luftatmenden Lenkwaffen erreicht wurden. Die ursprüngliche Version MIM-10A von Bomarc war im Dezember 1960 einsatzbereit, wurde jedoch fünf Jahre später von der wesentlich verbesserten Bomarc B, auf die die oben gegebene Beschreibung zutrifft, abgelöst. Diese Version erhielt statt des vorher verwendeten Flüssigtreibstoff-Raketenmotors ein Feststoff-Starttriebwerk, leistungsstärkere Staustrahltriebwerke und ein Westinghouse-Zielsuchsystem, das in Höhen von 0 bis 30 500 m voll arbeitsfähig war. Die Reaktionszeit wurde auf fast 0 reduziert, und ein einziger Bomarc-Stützpunkt war in der Lage, einen Abwehrschirm über ein Gebiet von 1 300 000 km² zu legen. Am 23. März 1961 fing eine Bomarc einen Überschall-Zielflugkörper des Typs Regulus 2 in einer Höhe von 30 500 m und in einer Entfernung von 718 km vom Stützpunkt erfolgreich ab. Heute stehen Bomarc-Lenkwaffen noch auf fünf Raketenbasen im Nordosten der USA im Einsatz. Die zwei mit Bomarc ausgerüsteten kanadischen Staffeln sollten 1972 aufgelöst werden.

## Bulldog — USA

**Taktische Luft-Boden-Lenkwaffe; in Entwicklung.**

ENTWICKLUNG UND TRUPPENDIENST

Die Firma Texas Instruments Inc. entwickelt zur Zeit im Rahmen eines US Navy-Auftrags ein Lenk- und Steuersystem, mit dem die Bullpup-Lenkwaffe (siehe unten) in eine lasergelenkte Waffe mit der Bezeichnung Bulldog umgewandelt werden soll. Im Einsatz wird das Ziel durch ein Lasergerät »aufgehellt«. Ein elektro-optisches Suchsystem in der Bulldog soll die vom Ziel reflektierte Laserenergie erfassen. Für die Flugerprobung der Bulldog zeichnet das Naval Weapons Center in China Lake verantwortlich.

## Bullpup A (AGM-12B/E) — USA

**Taktische Luft-Boden-Lenkwaffe; in Truppendienst.**

**Hauptauftragnehmer:** Martin Marietta Corporation/Maxson Electronics Corporation/Kongsberg Vaapenfabrikk.
**Antrieb:** Thiokol LR58-2-Flüssigtreibstoff-Raketenmotor von 5440 kp Schub (lagerfähig).
**Zelle:** Zylindrischer Rumpf mit spitz zulaufendem Bug und sich verjüngendem Heck. Kreuzförmig angeordnete Stabilisierungsflächen im Heck, fluchtend mit Delta-Steuerflächen im Bugkonus.
**Lenkung und Steuerung:** Funkfernlenkung. Steuerung über vordere Steuerflächen.
**Gefechtskopf:** Hochexplosiv, Gewicht 113 kg.
**Länge**: 3,20 m
**Rumpfdurchmesser:** 0,30 m
**Startgewicht:** 260 kg
**Marschgeschwindigkeit:** Mach 1,8
**max. Reichweite:** 11 km

Bullpup A-Lenkwaffen an einer F-100 Super Sabre der USAF.

## ENTWICKLUNG UND TRUPPENDIENST

Bullpup war unsprünglich – unter der Bezeichnung ASM-N-7 – als einfache, um eine Standard-250-lb-Bombe »herumgebaute« Waffe ausgelegt, die von einem von der Navy entwickelten Feststoff-Raketenmotor angetrieben werden sollte. Der Pilot des Trägerflugzeuges steuerte diesen Flugkörper über einen Schalter im Cockpit, indem er die Verfolgungs-Flares über und unter der Raketendüse als Bezugspunkte heranzog, um die Bullpup auf der Visierlinie zum Ziel zu halten. Diese erste Version war am 25. April 1959 einsatzbereit und wurde später in AGM-12A umbenannt. Sie wurde dann von der Version AGM-12B (frühere Bezeichnung ASM-N-7A), die für die US Navy bestimmt war, abgelöst, die mit lagerfähigem Flüssigtreibstoff-Raketenmotor, einem verbesserten Gefechtskopf und einer Lenkung größerer Reichweite ausgerüstet war. Für die USAF wurde die AGM-12B (GAM-83A) mit einem modifizierten Lenksystem ausgestattet, das den Piloten Angriffe aus einer gegenüber dem Ziel versetzten Position erlaubte.

Anfänglich wurde die Serienfertigung bei Martin Marietta durchgeführt – die Firma hatte die Entwicklungsarbeiten an der Bullpup A von der ersten Entwurfsstudie bis zur Flugerprobung in weniger als zwei Jahren über die Bühne gebracht. Später übernahm die Maxson Electronics Corporation, die als zweiter Bullpup-Produzent ausgewählt wurde, weil Martin Marietta den Bedarf nicht allein dekken konnte, nach und nach die gesamte Serienfertigung der Bullpup in den USA. Die Lizenzproduktion in Europa wurde über ein Konsortium abgewickelt, das von dem norwegischen Unternehmen AS Kongsberg Vaapenfabrikk geleitet wurde. In Europa orderten die Luftstreitkräfte von Dänemark, Griechenland, Norwegen, Türkei und Großbritannien die Bullpup.

Zu den Flugzeugen, die mit Bullpup-Lenkwaffen ausgerüstet waren, zählten die US Navy-Muster A-4, A-5, A-6, A-7, F-8E und P-3B, die USAF-Flugzeuge F-4, F-100 und F-105 sowie die Scimitar und Buccaneer der Royal Navy. Die letzte Bullpup-Version, die in begrenzten Stückzahlen von Martin Marietta für die USAF gefertigt wurde, war die mit einem gegen lebende Ziele für Verwendung in Vietnam ausgerüstete AGM-12E.

## Bullpup B (AGM-12C/D) USA

**Taktische Luft-Boden-Lenkwaffe; in Truppendienst.**

**Daten** gelten für AGM-12C.
**Hauptauftragnehmer:** Martin Marietta Corporation/Maxson Electronics Corporation.
**Antrieb:** Flüssigtreibstoff-Raketenmotor Thiokol LR62 (lagerfähig).
**Zelle:** Im wesentlichen zylindrischer Rumpf, der sich gegen Heck und Bug hin verjüngt. Spitz zulaufender Bugkonus mit kreuzförmig angeordneten Steuerflächen. Dazu fluchtende kreuzförmige Stabilisierungsflächen im Heck.
**Lenkung und Steuerung:** Funkfernlenksystem. Steuerung über vordere Steuerflächen.
**Gefechtskopf:** Hochexplosiv (AGM-12C) oder wahlweise hochexplosiv bzw. nuklear (AGM-12D).
**Länge:** 4,14 m
**Rumpfdurchmesser:** 0,45 m
**Spannweite:** 1,22 m
**Startgewicht:** 810 kg
**Reichweite:** 16,5 km

### ENTWICKLUNG UND TRUPPENDIENST

Die Bullpup A hatte sich als so wirksame Waffe erwiesen, daß die

Drei Bullpup B an einer A-4 Skyhawk.

US Navy die Entwicklung einer Version mit erhöhter Leistung förderte, die einen hochexplosiven Gefechtskopf eines Gewichts von 454 kg aufwies. Diese als Bullpup B bekannte Waffe ging für die US Navy mit der Bezeichnung ASM-N-7B in die Produktion, die später nochmals in AGM-12C umgewandelt wurde. Bullpup B ergänzte jedoch eher die Bullpup B, als daß sie sie ersetzte. Ferner beschaffte die US Air Force eine AGM-12D bezeichnete Version (ursprünglicher Name GAM-83B), die über austauschbare nukleare bzw. hochexplosive Gefechtsköpfe verfügt.

## Chaparral (MIM-72A) — USA

**Boden-Luft-Lenkwaffensystem; in Serienbau und Truppendienst.**

**Hauptauftragnehmer:** Philco-Ford Corporation, Aeronutronic Division.

### ENTWICKLUNG UND TRUPPENDIENST

Chaparral ist ein Gefechtsfeld-Waffensystem geringer Reichweite, das Sidewinder 1C-Lenkwaffen verwendet (siehe Seite 198), die für die Boden-Luft-Einsatzrolle modifiziert wurden. Vier abschußfertige Sidewinder sind beim Chaparral-System normalerweise auf einem M730-Fahrzeug montiert, das aus dem Selbstfahr-Kettenfahrzeug M548 der US Army abgeleitet wurde. Als Alternativlösung kann die Abschußanlage auch auf

einem Lkw installiert oder auf einem halbmobilen Gerät aufgebaut werden. In der Anfangsphase übernimmt ein Schütze in der Abschußanlage die Zielsuche, der ein optisches Visier mit dem Ziel zur Deckung bringt, aber bereits unmittelbar nach dem Start wird das lenkwaffeneigene Infrarot-Zielsuchsystem aktiviert.
Die Entwicklung der Chaparral begann im Frühjahr 1965. Die ersten Schießversuche wurden noch im Juli des gleichen Jahres von Prototyp-Schießanlagen aus durchgeführt. Die Serienfertigung für die damals gerade aufgestellten Luftabwehrbataillone der US Army lief 1966 an. Diese Einheiten sind mit je zwei Chaparral-Batterien und zwei Vulcan 20 mm-Kanonen ausgerüstet. Die Fünf-Mann-Besatzung eines M730-Fahrzeugs führt Rationen und Ausrüstung für mindestens drei Tage autonomen Einsatzes mit sich und kann sich auf Straßen mit einer Geschwindigkeit von 65 km/h fortbewegen. Für den Abschuß der Lenkwaffen wird nur ein Mann benötigt, die anderen vier Mann führen Beobachteraufgaben durch. 12 Lenkwaffen werden auf einem M730 transportiert.

## Chinas Interkontinentalrakete Volksrepublik China

**Landstationierte ballistische Interkontinentalrakete; in Entwicklung.**

**Antrieb:** Flüssigtreibstoff-Raketenmotoren.
**Gefechtskopf:** Nuklear.
**Reichweite (geschätzt):** 9600 km

### ENTWICKLUNG UND TRUPPENDIENST

Die Volksrepublik China führte den ersten erfolgreichen Schießversuch eines ICBM (Intercontinental Ballistic Missile – ballistische Interkontinentalrakete) Ende 1970 durch. Die Reichweite dieser Lenkwaffe, die einen unwirksamen Gefechtskopf mit sich führte, wurde absichtlich auf 3200 km beschränkt, so daß die Schießversuche innerhalb der chinesischen Grenzen abgehalten werden konnte. Man nimmt jedoch an, daß die Serienversion mindestens über das Dreifache dieser Reichweitenleistung verfügt. Wahrscheinlich besitzt die chinesische Interkontinentalrakete Flüssigtreibstoff-Raketenmotoren, obwohl in der Volksrepublik China bereits eine Fabrik zum Bau von Feststoff-Raketenmotoren für eine zweite Generation von Langstrecken-Lenkwaffen gebaut wurde. Das US-Verteidigungsministerium hat erklärt, daß mit der Indienststellung der chinesischen Interkontinentalwaffen nicht vor 1973 bzw. 1975 zu rechnen sei, und daß diese Lenkwaffen höchstwahrscheinlich nicht mit Durchdringungshilfen ausgestattet sein werden. Solche Durchdringungshilfen würden sehr detaillierte Kenntnisse über die Einsatzmerkmale des amerikanischen Safeguard- Raketenabwehrsystems (siehe Seite 156) voraussetzen. Ferner wäre ein aufwendiges Radar- und Instrumentensystem notwendig, um nur die relativ einfache Technik des Absprengens der Lenkwaffentanks während des Fluges zu beherrschen. Nichtsdestoweniger kann angenommen werden, daß in der Volksrepublik China zwei oder drei Jahre nach dem Indienststellungstermin der ersten ICBM eine Streitmacht von 10 bis 25 Interkontinental-Lenkwaffen mit nuklearem Gefechtskopf einsatzbereit sein könnte. Die Schlagkraft von 25 Einheiten mit Gefechtsköpfen von je 3 Megatonnen Sprengkraft, die gegen die USA abgeschossen würden, hätten 11 oder 12 Mio. Tote in den USA zur Folge, vorausgesetzt, daß in den USA kein wirksames Raketenabwehrsystem bestünde. Als Grundlage für diese fiktive Rechnung wurde eine Trefferwahrscheinlichkeit von 40 Prozent der chinesischen ICBM angenommen.

## Chinas Mittelstreckenrakete Volksrepublik China

**Ballistische Mittelstreckenrakete; in Serienbau und Truppendienst.**

**Gefechtskopf:** Nuklear.
**Reichweite:** über 1600 km

ENTWICKLUNG UND TRUPPENDIENST

Der frühere US-Verteidigungsminister Melvin R. Laird erklärte im Februar 1970, die Volksrepublik China sei drauf und dran, ihre erste MRBM (Medium-Range Ballistic Missile – ballistische Mittelstreckenrakete) in Dienst zu stellen und werde wahrscheinlich Mitte der siebziger Jahre 80 bis 100 Prozent der gesamten Mittelstrekkenraketen-Streitmacht einsatzbereit haben. In späteren Berichten wurde darauf hingewiesen, daß diese Lenkwaffen auf drei Einsatzbasen in Tibet zur Aufstellung gelangten, wobei zwei zusätzliche Stellungen im Winter 1970/71 in einer Höhe von 4575 m gebaut wurden. Seit der ersten Explosion einer chinesischen Nuklearbombe einer Sprengkraft von 20 Kilotonnen am 16. Oktober 1964 in Lop Nor in der Sinkiang-Wüste schritt die Entwicklung der für die chinesische Langstreckenraketen bestimmten Gefechtsköpfe zügig voran. Der vierte Test dieser Art, so wurde behauptet, habe den Abschuß des Gefechtskopfes mit einer Lenkwaffe ins Zielgebiet beinhaltet. Man nimmt an, daß diese Lenkwaffe auf einer sowjetischen Waffe wie z. B. Sandal basierte (siehe Seite 162). Die Satelliten, die von der Volksrepublik China in den Jahren 1970 und 1971 in eine Umlaufbahn eingebracht wurden, wurden wahrscheinlich von Trägerraketen mitgeführt, die eine gewisse Verwandtschaft mit den jetzt einsatzfähigen Mittelstreckenraketen aufwiesen.

## Cobra 2000 (BO 810) Bundesrepublik Deutschland

**Leichte Panzerbekämpfungs-Lenkwaffe; in Serienbau und Truppendienst.**

**Hauptauftragnehmer:** Messerschmitt-Bölkow-Blohm GmbH.
**Antrieb:** Feststoff-Raketenmotor. Nicht abwerfbares Feststoff-Starttriebwerk.
**Zelle:** Zylindrischer Rumpf mit spitz zulaufendem konischen Bug. Große, kreuzförmig angeordnete Kunststoff-Flächen mit je einem Spoiler. Starttriebwerk unter Lenkwaffenrumpf.
**Gefechtskopf:** Hohlladung, Gewicht 2,5 kg. Durchdringungsfähigkeit von mehr als 475 mm Stahlpanzerung.
**Länge:** 0,95 m
**Rumpfdurchmesser:** 0,10 m
**Spannweite:** 0,48 m
**Startgewicht:** 10,2 kg
**Höchstgeschwindigkeit:** 306 km/h
**Reichweitenbereich:** 400 bis 2000 m

ENTWICKLUNG UND TRUPPENDIENST

Dieses typische Einmann-Panzerbekämpfungs-Waffensystem besteht aus der Cobra-Lenkwaffe, einer Steuereinheit und den entsprechenden Kabelverbindungen. Mit einer einzigen Steuereinheit können wahlweise bis zu acht Lenkwaffen abgeschossen werden. Ein Startbehälter wird nicht benötigt, da die Waffe von dem auf den Boden gelegten Deckel, der das Lenkwaffenende während des Transports verschließt, gestartet wird. Die Steuereinheit ist unabhängig von äußeren Energiequellen. Sie ist mit dem Auslöseknopf und dem Steuerhebel bestückt.

Mehr als 120 000 Cobra-Lenkwaffen wurden an die Armeen von Dänemark, der Bundesrepublik Deutschland, von Italien, Pakistan und der Türkei ausgeliefert. Die gegenwärtige Cobra-Version führt die Bezeichnung Cobra 2000, was darauf hinweist, daß ihre Reichweite auf maximal 2000 m erhöht wurde.

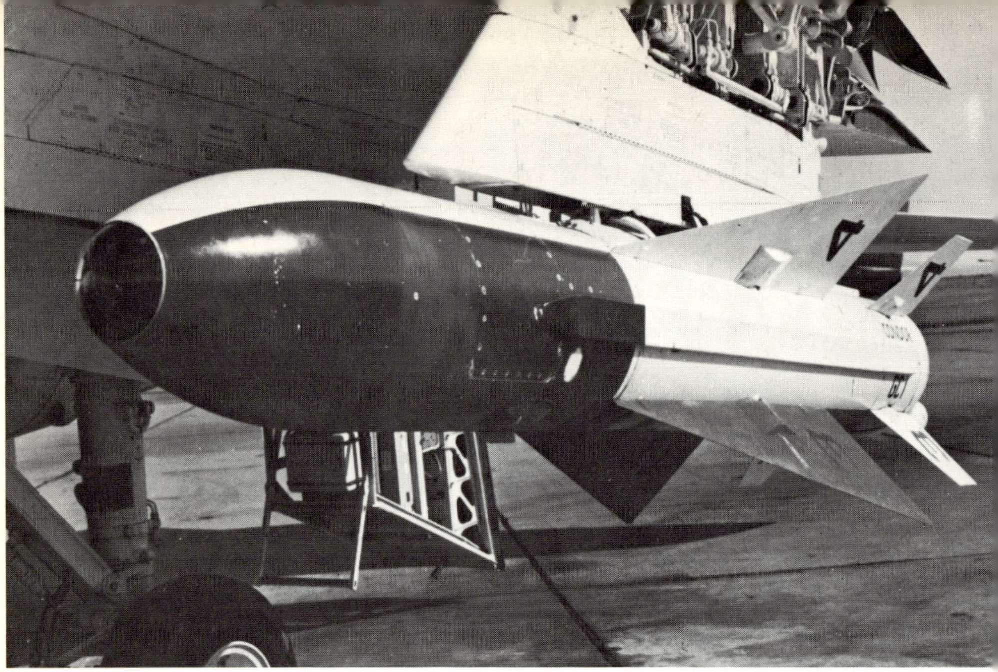


Erprobungsmuster der Condor an der linken Unterflügel-Station einer A-6A Intruder.

# Condor (AGM-53A) USA

**Taktische Luft-Boden-Lenkwaffe; in Entwicklung.**

**Hauptauftragnehmer:** North American Rockwell Corporation.
**Antrieb:** Feststoff-Raketenmotor von Rocketdyne.
**Zelle:** Zylindrischer Rumpf mit abgerundeter verglaster Spitze. Kreuzförmig angeordnete Deltaflächen, die mit ebenfalls kreuzförmig angeordneten Hecksteuerflächen fluchten.
**Lenkung und Steuerung:** Fernlenkung vom Trägerflugzeug aus. Bedienungsmann erhält über eine Kamera in der verglasten Lenkwaffenspitze ein Fernsehbild vom Zielgebiet. Steuerung über Heckflächen.
**Gefechtskopf:** Hochexplosiv
**Reichweite:** 64 bis 92 km

## ENTWICKLUNG UND TRUPPENDIENST

Obwohl die Condor eine ferngelenkte Angriffs-Lenkwaffe ist, weist ihr ihre große Reichweite eine Stand-Off-Einsatzrolle zu. Tatsächlich kann das Trägerflugzeug, ist die Lenkwaffe einmal gestartet, auf seinen Stützpunkt zurückkehren. Die Fernsehkamera im Rumpfbug der Lenkwaffe sendet ein Bild des Gebiets, auf das sich die Lenkwaffe zubewegt. Auf diese Weise kann der Lenkwaffen-Operator im Cockpit die Lenkwaffe bis zum Aufschlag im Ziel steuern. Als Reichweite der Condor werden 64 km angegeben, doch sollen anläßlich von Schießversuchen mit unwirksamen und wirksamen Gefechtsköpfen gegen

Land- und Schiffziele sehr gute Ergebnisse bis zu Entfernungen von 92 km erzielt worden sein. Die Condor soll die Kampfflugzeuge A-6 Intruder und A-7 Corsair II der US Navy ausrüsten.

## Crotale/Cactus — Frankreich

**Boden-Luft-Lenkwaffe geringer Reichweite; in Serienbau.**

**Hauptauftragnehmer:** SA Engins Matra.
**Antrieb:** Einstufiger Feststoff-Raketenmotor.
**Zelle:** Schlanker zylindrischer Rumpf mit kreuzförmig angeordneten, auf dem spitz zulaufenden Bugkonus sitzenden Flächen, die mit den ebenfalls kreuzförmig angeordneten Hecksteuerflächen fluchten.
**Lenkung und Steuerung:** Funkfernlenkung. Steuerung über Heckflächen.
**Gefechtskopf:** Hochexplosiv, Gewicht 15 kg, Infrarot-Annäherungszünder.
**Länge:** 2,89 m
**Rumpfdurchmesser:** 0,15 m
**Spannweite:** 0,54 m
**Startgewicht:** 80 kg
**Höchstgeschwindigkeit:** Mach 2,3
**Reichweitengrenzen:** 500 m bis 8,5 km

### ENTWICKLUNG UND TRUPPENDIENST

Matra konstruierte diese hochmobile Allwetter-Lenkwaffe mit dem Ziel, damit Flugzeuge einer Marschgeschwindigkeit von Mach 1,2 in einem Flughöhenbereich von 50 bis 3000 m bei einer Reaktionszeit von nur sechs Sekunden bekämpfen zu können. Erste Details des Systems wurden im Mai 1969

Eine Crotale-Lenkwaffe in ihrem Startbehälter auf einem Hotchkiss-Brandt-Fahrzeug. Daneben die Antenne des Feuerleitradars.

bekanntgegeben, als der Verteidigungsminister Südafrikas ankündigte, französische Unternehmen entwickelten für sein Land eine Boden-Luft-Waffe mit der Bezeichnung Cactus. Später wurde freigegeben, daß Matra die Hauptauftragnehmerfirma sei und daß das gleiche Waffensystem in Frankreich die Bezeichnung Crotale führe. Bereits 1969 wurden erfolgreiche Schießversuche gegen Zielflugkörper durchgeführt und Integrationsarbeiten mit entsprechenden Fahrzeugen unternommen. Die Aufnahme der vollen Serienfertigung für Südafrika und den Libanon war für 1972 geplant. In Frankreich soll das Crotale-System auch für die Verteidigung von Flugplätzen verwendet werden. Das US Army Missile Command unterzieht Crotale gegenwärtig einer Bewertung als möglichen Nachfolger der Chaparral. Thomson-CSF modifiziert Crotale gegenwärtig für eine schiffgestützte Einsatzrolle als Teil des Murène-Systems (siehe Seite 123).
Vier Crotale/Cactus-Lenkwaffen werden feuerbereit auf dem geländegängigen Standard-Trägerfahrzeug von Hotchkiss-Brandt mitgeführt, das auch ein Monopuls-Feuerleitradar befördert, das zu gleicher Zeit Steuersignale an zwei Lenkwaffen übermitteln kann. Die Lenkwaffenerfassung nach dem Start geschieht über ein Infrarotgerät, das sich auf die Lenkwaffenabgase aufschaltet. Ein zweites Hotchkiss-Brandt-Fahrzeug transportiert ein Doppler-Impuls-Überwachungs- und Zielerfassungsradar einer Reichweite von 18,5 km. Zwölf Ziele können gleichzeitig verfolgt werden. Innerhalb von 11 Sekunden lassen sich 12 Lenkwaffen paarweise auf sechs Ziele verschießen.

## Dragon (M47) USA

**Leichte Panzerbekämpfungs- und Angriffslenkwaffe; in Serienbau.**

**Hauptauftragnehmer:** McDonnell Douglas Astronautics Company.
**Antrieb:** Eine Anzahl von kleinen Feststoff-Raketen-Paaren, die in Reihen rund um den hinteren Lenkwaffenteil angeordnet sind.
**Zelle:** Zylindrischer, sich nach hinten verjüngender Rumpf mit kurzem, stumpf zulaufendem Bug. Drei gekrümmte Heckflossen, die nach dem Start in Arbeitsposition gehen.
**Lenkung und Steuerung:** Drahtlenkung über automatisches Visierlinien-Kommandosystem.
**Gefechtskopf:** Hochexplosiv.
**Länge:** 0,74 m
**Flossenspannweite:** 0,33 m
**Startgewicht:** 6,13 kg

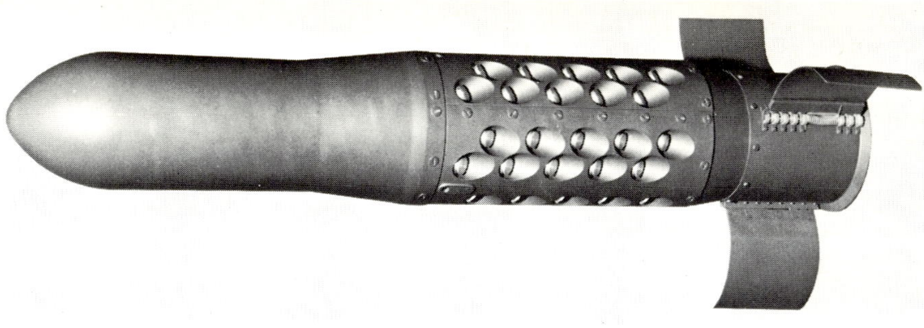

## ENTWICKLUNG UND TRUPPENDIENST

Dragon wurde entworfen, um die rückstoßfreie 90-mm-Gewehrgranate abzulösen, die es an Reichweitenleistung und Treffergenauigkeit übertrifft. Dragon war ursprünglich unter der Bezeichnung MAW (Medium Anti-tank/Assault Weapon – Mittlere Panzerbekämpfungs- und Angriffslenkwaffe) bekannt und soll einen ausreichend großen Gefechtskopf aufweisen, um damit die meisten gepanzerten und anderen Infanterieziele zerstören zu können, während sie gleichzeitig leicht genug ist, von einem Mann von der Schulter abgefeuert werden zu können. Im Einsatz montiert der Infanterist zuerst ein Zielverfolgungsgerät auf das Startrohr, das ein Teleskopvisier, eine Sensoreinheit und den Elektronikteil umfaßt. Das GFK-Startrohr ist gleichzeitig der abgeschlossene Transport- und Lagerbehälter für die Lenkwaffe. Es ist in seinem hinteren Ende aufgeweitet, um Treibstoff und den Verschluß aufzunehmen. Nach der Zielerfassung durch das Visier wird die Lenkwaffe vom Operator gestartet. So lange das Visier auf

das Ziel ausgerichtet bleibt, »erfühlt« die Sensoreinheit die Ablage der Lenkwaffe von der Visierlinie und sendet Signale zur Beibehaltung oder Korrektur der Flugbahn. Die »Steuerung« erfolgt dadurch, daß die geeigneten, seitlich abstrahlenden Raketenmotorpaare, die sowohl zur Steuerung als auch zum Hauptantrieb dienen, betätigt werden.

Die Entwicklungsgeschichte des Dragon-Systems begann 1964. Schießversuche von der Schulter von Bedienungsmannschaften aus liefen Mitte 1968 an, während die Einsatzerprobung 1971 einsetzte. Die volle Serienfertigung der Dragon wurde noch während des Fiskaljahres 1972 aufgenommen. Die Dragon soll sowohl beim US-Marine Corps als auch bei der US Army in Dienst gestellt werden.

## Entac (MGM-32A) Frankreich

**Panzerbekämpfungslenkwaffe; in Truppendienst.**

**Hauptauftragnehmer:** Nord-Aviation/ Aérospatiale, Division Engins Tactiques.
**Antrieb:** Zweistufen-Feststoffraketenmotor.
**Zelle:** Zylindrischer Rumpf mit stumpf zulaufendem Bug. Kreuzförmig angeordnete, mit je einem Spoiler ausgerüstete Flächen im Heck.
**Lenkung und Steuerung:** Drahtgesteuert und um die Rollachse stabilisiert. Über Flächenspoiler gesteuert.
**Gefechtskopf:** Hochexplosiv, Gewicht 4,1 kg. Durchschlagfähigkeit von mehr als 650 mm Stahlpanzerung.
**Länge:** 0,82 m
**Rumpfdurchmesser:** 0,15 cm
**Spannweite:** 0,38 m
**Startgewicht:** 12,2 kg
**Höchstgeschwindigkeit:** 305 km/h
**Reichweitengrenzen:** 400 bis 2000 m

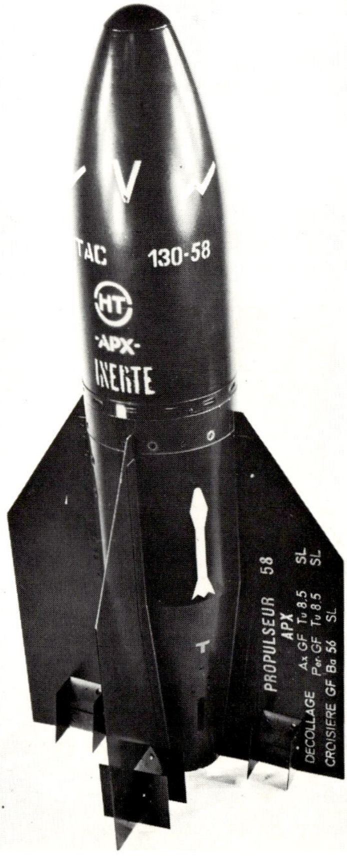


ENTWICKLUNG UND TRUPPENDIENST

Entac, eine der ersten drahtgelenkten Panzerbekämpfungslenkwaffen, die in den Großserienbau

ging, wurde – in der Version Modell 58 – im Jahre 1957 von der französischen Armee beschafft. Insgesamt wurden 132 000 Stück von den Armeen von 13 Ländern in Auftrag gegeben (Stand Anfang 1971). Anfang 1971 wurden die letzten 3000 Einheiten mit einer Fertigungsrate von 600 Stück pro Monat produziert. Die US-Army-Bezeichnung der Entac lautet MGM-32A.

Entac (ENgin Téléguidé Anti-Char – Panzerbekämpfungs-Lenkwaffe) ist in der Hauptsache für den Infanterieeinsatz bestimmt und wurde von der Direction Technique des Armements Terrestres (DTAT) entwickelt. Ein Bedienungsmann kann von einem einzigen Gefechtsstand aus bis zu 10 Lenkwaffen abfeuern und lenken, wobei der Abstand Bedienungsmannschaft-Lenkwaffe höchstens 110 m betragen darf. Als Alternativlösung können vier Entac paarweise zu beiden Seiten eines Jeeps in ihren schachtelartigen Startcontainern mitgeführt werden. Der Lenkwaffen-Operator verwendet für die Ziellokalisierung und -verfolgung ein optisches Visier und steuert die Lenkwaffe über einen Bedienungshebel entlang der Visierlinie ins Ziel.

# Exocet (MM-38) Frankreich

**Taktische schiffgestützte See-See-Lenkwaffe; in Serienbau und Truppendienst.**

**Hauptauftragnehmer:** Aérospatiale, Division Engins Tactiques.
**Antrieb:** Zweistufiger Tandem-Feststoff-Raketenmotor.
**Zelle:** Zylindrischer Rumpf mit spitz zulaufendem Bug. Kreuzförmig angeordnete, gepfeilte Flächen, fluchtend mit kreuzförmigen Hecksteuerflächen.
**Lenkung und Steuerung:** Trägheits-Lenksystem mit TRT FM-Funkhöhenmesser und aktivem Zielsuchradar. Steuerung über Hecksteuerflächen.
**Gefechtskopf:** Hochexplosiv, Gewicht 100 kg
**Länge:** 5,12 m
**Rumpfdurchmesser:** 0,344 m
**Spannweite:** 1,00 m
**Startgewicht:** 720 kg
**Marschgeschwindigkeit:** hoher Unterschallbereich
**max. Reichweite:** 37 km

## ENTWICKLUNG UND TRUPPENDIENST

Nach der Versenkung des israelischen Zerstörers Eilat durch Schiff-Schiff-Lenkwaffen des Typs Styx wurden überall die Arbeiten an einem Verteidigungsmittel gegen derartige Angriffe mit hoher Dringlichkeit vorangetrieben. Sind Lenkwaffen der Styx-Klasse einmal abgeschossen, so sind sie schwierig abzufangen. Aus diesem Grund konzentrierte man sich bei der Nord-Aviation, die heute in die Aérospatiale übergegangen ist, darauf, eine Waffe zu produzieren, die gegnerische Lenkwaffen-Trägerschiffe versenken kann, bevor diese nahe genug herangekommen sind, um ihre Lenkwaffen abschießen zu können. Aus dieser Entwurfsforderung ging die Exocet hervor, die eine der schlagkräftigsten Marinelenkwaffen ist, die je entwickelt wurde. Exocet fliegt das Ziel in einer Höhe von nur zwei bis drei Metern über der Wasseroberfläche mit hoher Unterschallgeschwindigkeit an und

kann in allen Wetterlagen operieren. Eine anfliegende Exocet ist extrem schwierig vom Radar an Bord des angegriffenen Schiffes zu orten und soll auch gegen gegnerische elektronische Gegenmaßnahmen unempfindlich sein.
Exocet kann auf jeder Überwasser-Schiffklasse einschließlich schneller Patrouillenboote installiert werden, vorausgesetzt, daß das Schiff mit Überwachungs- und Zielortungsradar, einem Lotkreisel und einem Log, um seine Fahrt festzustellen, sowie einem Feuerleitsystem ausgerüstet ist. Entfernung und Peilung des Zieles werden vor dem Start dem Lenksystem der Waffe eingegeben. Die Marschflughöhe wird von einem Funkhöhenmesser, über den die Steuerflächen betätigt werden, gehalten. Die Auslieferung der Exocet sollte 1972 beginnen. Erste Aufträge stammten von den Marinestreitkräften Großbritanniens, Frankreichs, der Bundesrepublik, Griechenlands und einiger anderer Länder. Die Weiterentwicklungsmöglichkeit der Exocet in Richtung einer Küste-Schiff- bzw. Luft-See-Anwendung wird gegenwärtig überprüft.

# Falcon (AIM-4A/C/D/H) USA

**Luft-Luft-Lenkwaffe; in Truppendienst.**

Die Daten beziehen sich auf die AIM-4D.
**Hauptauftragnehmer:** Hughes Aircraft Company.
**Antrieb:** Feststoff-Raketenmotor Thiokol M58-E4 von 2720 kp Schub.
**Zelle:** Zylindrischer Rumpf mit sich verjüngendem und abgerundetem Bug mit Glasspitze. Kreuzförmig angeordnete Leitflächen hinter dem Bug, fluchtend mit kreuzförmig angeordneten, langgestreckten Deltaflächen. Kreuzförmig angeordnete Hecksteuerflächen hinter den Stabilisierungsflächen-Endkanten.
**Lenkung und Steuerung:** Infrarot-Zielsuch-Lenkung. Steuerung über Steuerflächen im Heck.
**Gefechtskopf:** Hochexplosiv.
**Länge:** 2,02 m
**Rumpfdurchmesser:** 0,1625 m
**Spannweite:** 0,51 m
**Startgewicht:** 61 kg
**Höchstgeschwindigkeit:** Mach 4
**max. Reichweite:** 9 km

## ENTWICKLUNG UND TRUPPENDIENST

Hughes startete die Arbeiten an der ursprünglich als GAR-1 bezeichneten halbaktiven Zielsuchradar-Version der Falcon im Jahre 1947. Das erste von ca. 4000 Serienmustern wurde 1954 ausgeliefert, gefolgt von mehr als 12 000 verbesserten Versionen GAR-1D (später in AIM-4A umbenannt). Außerdem kamen ca. 16 000 GAR-2 und 9500 GAR-2A zur Ausliefe-

AIM-47A Falcon (oben) und AIM-4D Falcon (Vordergrund).

rung, die mit Infrarot-Zielsuchlenkung ausgestattet waren. Diese Modelle, die später die Bezeichnung AIM-4C erhielten, hatten den Vorteil, daß das Trägerflugzeug seinen Einsatz abbrechen konnte, nachdem die Lenkwaffen, die sich ihr Ziel selbst suchten, abgeschossen waren. Die letzte Serienversion der Falcon-Familie war die AIM-4D, die im wesentlichen die Zelle der AIM-C mit dem verbesserten Infrarot-Zielsuchkopf der AIM-4G Super Falcon kombinierte. Viele tausend ältere Falcon-Modelle wurden zu AIM-4G modifiziert, die heute noch die F-4-Kampfflugzeuge des USAF Tactical Air Command und die F-101 und F-102-Jäger des Air Defense Command ausrüsten. Im Rahmen eines USAF-Kontraktes aus dem Jahre 1969 entwickelte Hughes die AIM-4H, die einen neuen Gefechtskopf mit aktivem optischen Annäherungszünder erhielt. In dieser Lenkwaffe bringt ein Festkörper-Lasergerät den Gefechtskopf zur Detonation, ohne daß ein direkter Treffer erforderlich ist. Dies hätte die H besser für den reinen Luftkampf geeignet gemacht. Wirtschaftlichkeitsüberlegungen verhinderten jedoch die Weiterentwicklung und Serienfertigung (siehe auch HM-58 auf Seite 51 und Super Falcon auf Seite 224).

# Falcon (AIM-47A) USA

**Luft-Luft-Lenkwaffe.**

**Hauptauftragnehmer:** Hughes Aircraft Company.
**Antrieb:** Feststoff-Raketenmotor der Lockheed Propulsion Company (lagerfähig).
**Zelle:** Zylindrischer Rumpf mit stumpf zulaufendem Bug. Kreuzförmig angeordnete, langgestreckte Flächen mit je einer Hecksteuerfläche nahe an der Endkante.
**Lenkung und Steuerung:** Infrarot/Impuls-Dopplerradar-Lenkung. Steuerung über Hecksteuerflächen.
**Gefechtskopf:** Entweder nuklear oder hochexplosiv (austauschbar).
**Länge:** 3,66 m
**Rumpfdurchmesser:** 0,33 m
**Startgewicht:** 363 kg
**Höchstgeschwindigkeit:** Mach 6
**max. Reichweite:** 160 km

## ENTWICKLUNG UND TRUPPENDIENST

Diese sehr schlagkräftige Luft-Luft-Lenkwaffe wurde ursprünglich unter der Bezeichnung GAR-9 entwickelt und sollte den Interzeptor North American F-108 ausrüsten, der später aufgegeben wurde. Die Entwicklung wurde wieder aufgenommen, und zwar unter der Bezeichnung AIM-47. Der Experimentaljäger Lockheed YF-12A sollte acht AIM-47A in seinem Waffenschacht mitführen. Bis jetzt liegt noch keine Serienanwendungsmöglichkeit vor.

# Falcon (HM-55/HM-58) USA

**(Schwedische Luftwaffenbezeichnung RB27 und RB28)**
**Luft-Luft-Lenkwaffen; in Serienbau. und Truppendienst.**

**Hauptauftragnehmer:** Hughes Aircraft Company/Saab-Scania Aktiebolag.
**Antrieb:** Einstufiger Feststoff-Raketenmotor.
**Lenkung und Steuerung:** Die HM-55 verfügt über eine halbaktive Zielsuchradarlenkung, die HM-58 über ein Infrarot-Zielsuchsystem.
**Gefechtskopf:** Hochexplosiv mit Annäherungszünder.
**Länge (RB27):** 2,16 m
**max. Rumpfdurchmesser (RB27):** 0,28 m
**Spannweite (RB27):** 0,61 m
**Startgewicht:** 119 kg (RB27), 61 kg (RB28)
**Höchstgeschwindigkeit:** Mach 3
**max. Reichweite:** 10 km

## ENTWICKLUNG UND TRUPPENDIENST

Die Exportversionen HM-55 und HM-58 der Falcon werden in Schweden von Saab-Scania unter den Bezeichnungen RB27 und RB28 (schwedische Luftwaffe) in Lizenz gebaut. Äußerlich gleicht die HM-55 der AIM-26A Nuclear

Two RB27 (HM-55) missiles under the fuselage of a J 35F Draken

Zwei RB27 (HM-55)-Lenkwaffen unter dem Rumpf einer J 35F Draken.

Falcon (siehe Seite 126), verfügt jedoch über einen konventionellen Gefechtskopf. Ihr Allwetter-Lenksystem ermöglicht ihr Angriffe aus jeder Richtung, und ihre Startgeschwindigkeit macht sie gegen Mach-2-Flugzeuge einsetzbar. Die schwedischen Luftstreitkräfte rüstet ihre J 35F-Draken-Interzeptoren mit der HM-55 aus (zusammen mit HM-58). Diese letztere ist eine Infrarot- Verfolgungskurs- Waffe, die im großen und ganzen der AIM-4C gleicht (siehe Seite 49). Die Schweizerische Flugwaffe hat die HM-55 als Standardbewaffnung für ihre Mirage IIIS-Jäger ausgewählt.

## Firestreak — Großbritannien

**Luft-Luft-Lenkwaffe; in Truppendienst.**

**Hauptauftragnehmer:** Hawker Siddely Dynamics Ltd.
**Antrieb:** Feststoff-Raketenmotor.
**Zelle:** Zylindrischer Metallrumpf mit kreuzförmig angeordneten, auf halbem Weg zwischen Bug und Heck liegenden Flächen und dazu fluchtenden Hecksteuerflächen. Spitzer achtseitiger, verglaster Bug mit zwei schmalen verglasten Bändern über der Infrarot-Optik im vorderen Teil des Rumpfes.

**Lenkung und Steuerung:** Infrarot-Zielsuchlenkung. Steuerung über Hecksteuerflächen.
**Gefechtskopf:** Hochexplosiv, Gewicht mit Annäherungszünder 22,7 kg.
**Länge:** 3,19 m
**Rumpfdurchmesser:** 0,225 m
**Spannweite:** 0,75 m
**Startgewicht:** 136 kg
**Marschgeschwindigkeit:** über Mach 2
**Reichweitengrenzen:** 1,2 bis 8 km

Firestreak-Lenkwaffensystem für einen Lightning-Abfangjäger.

## ENTWICKLUNG UND TRUPPENDIENST

Obwohl die Firestreak eine vergleichsmäßig komplizierte und kostspielige Waffe ist, bieten wenige andere Luft-Luft-Lenkwaffen eine so hohe Vernichtungswahrscheinlichkeit mit einem Schuß wie sie. Es heißt, daß in Schießversuchen der Royal Air Force und Royal Navy eine Erfolgsrate von mehr als 85 Prozent in allen Höhen und unter allen Wetterbedingungen erzielt wurde. Die Steuerung erfolgt über ein Proportionalnavigationssystem. Nachdem der im Bug montierte Infrarot-Geräteteil die Lenkwaffe nahe an das Ziel herangebracht hat, schaltet sich die unter den beiden verglasten Bändern liegende Infrarot-Optik auf das Zielflugzeug auf und liefert Peil- und Entfernungsdaten in der letzten Phase des Abfangvorgangs. Die einzige Beschränkung der Firestreak liegt darin, daß sie von hinten auf das Ziel abgefeuert werden muß, ein Nachteil, den ihre Weiterentwicklung Red Top nicht aufweist (siehe Seite 153). Die Firestreak bildet die Standardbewaffnung der Sea Vixen der US Navy und der Lightning-Interzeptoren der Royal Air Force.

Firestreak an einer Lightning der No.56 Squadron der RAF.

## Frog-1

## UdSSR

**Ungelenkte Boden-Boden-Rakete; in Truppendienst.**

**Antrieb:** Feststoff-Raketenmotor mit sieben Düsen.
**Zelle:** Einstufige zylindrische Metallstruktur mit sechs festen Heckflossen und großem aufgedickten Gefechtskopf am Bug.

**Lenkung und Steuerung:** Kein Lenksystem. Drallstabilisierung.
**Gefechtskopf:** Entweder nuklear oder hochexplosiv.
**Länge:** 9,50 m
**Flossenspannweite:** 1,0 m
**Startgewicht:** 2700 kg
**max. Reichweite:** 24 km

### ENTWICKLUNG UND TRUPPENDIENST

Diese Artillerierakete, eine der ersten Raketen, die auf einer Moskauer Militärparade gezeigt wurden, steht seit ca. 15 Jahren in großen Zahlen im Dienst der sowjetischen Armee und in den Armeen der Warschauer Pakt-Staaten. Ihre NATO-Codebezeichnung ist eine Zusammenziehung aus »Free Rocket Over Ground«, eine Bezeichnung, die darauf hinweist, daß kein Lenksystem verwendet wird. Frog-1 kann als das sowjetische Gegenstück zur Honest John (siehe Seite 80) betrachtet werden. Das Frog-1-Transportfahrzeug basiert auf dem Chassis des sowjetischen Standard-Amphibien-Aufklärungsfahrzeugs JS-3. Der geriffelte Behälter, in dem die Rakete untergebracht ist, wird zum Start hochgefahren und dient dann als Startgerät. In sowjetischen Kommentaren wurde auf die hohe Schußgenauigkeit und auf die enorme Schlagkraft des thermonuklearen Gefechtskopfes der Frog-1 hingewiesen.

# Frog-2, 3, 4 und 5 UdSSR

**Ungelenkte Boden-Boden-Rakete; in Truppendienst.**

**Daten** beziehen sich auf Frog-4.
**Antrieb:** Zweistufen-Feststoff-Raketenmotoren. 12 kleine Düsen um die Starttriebwerk-Hauptdüse herum.
**Zelle:** Zweistufige Tandem-Ganzmetallverkleidung in Zylinderform. Konischer Bug. Kreuzförmig angeordnete feste Heckflossen.
**Lenkung und Steuerung:** Kein Lenksystem. Drallstabilisierung.
**Gefechtskopf:** Entweder nuklear oder hochexplosiv.
**Länge:** 10,20 m
**Flossenspannweite:** 1,05 m
**Startgewicht:** 2000 kg
**max. Reichweite:** 50 km

## ENTWICKLUNG UND TRUPPENDIENST

Ebenso wie Frog-1 sind auch alle diese Raketen ungelenkte Artillerieraketen. Zum Unterschied zu Frog-1 weisen jedoch Frog-2, 3, 4 und 5 zwei Stufen in Tandemanordnung auf und werden auf einem Kettenfahrzeug transportiert, das auf dem Amphibien-Aufklärungspanzer PT76 basiert. Die ursprüngliche Frog-2-Version, von der acht Einheiten anläßlich einer Parade durch Moskau im November 1957 vorgeführt wurden, hatte einen aufgedickten Gefechtskopf und war 9 m lang. Sie wurde von der Frog-3 abgelöst, deren aufgedickter Gefechtskopf eher zylinderförmig war. Darauf folgten die Frog-4, die einen Gefechtskopf aufwies, der gleichen Durchmesser wie die Verkleidung der zweiten Stufe hatte, und die Frog 5, die wiederum über einen anderen Gefechtskopf verfügte. Alle diese Artillerieraketen wurden in großen Stückzahlen in den Armeen der Sowjetunion und der Staaten des Warschauer Paktes zur Auslieferung gebracht.

Frog-5-Transport- und Startfahrzeug in einer Übung.

Frog-5-Bedienmannschaft in Schutzkleidung nach Verlassen eines »atomar verseuchten Geländes« während einer Übung für nukleare Kriegsführung.

## Frog-7 UdSSR

**Ungelenkte Boden-Boden-Rakete; in Truppendienst.**

**Antrieb:** Feststoff-Raketenmotor. 18 kleine Düsen um die Hauptdüse herum.
**Zelle:** Zylindrische Verkleidung mit kreuzförmig angeordneten, gekappten Delta-Heckflossen. Spitzer Bugkonus.
**Lenkung und Steuerung:** Kein Lenksystem. Drallstabilisierung.
**Gefechtskopf:** Entweder nuklear oder hochexplosiv.
**Reichweitengrenzen:** 7,5 bis 92 km.

Waffensystem Frog-7.

## ENTWICKLUNG UND TRUPPENDIENST

Diese letzte der bekannten Frog-Versionen (Frog = Free Rocket Over Ground) wurde zum ersten Mal am 7. November 1965 in Moskau gesehen. Sie unterscheidet sich von den Versionen Frog 2 bis Frog 5 in verschiedener Hinsicht: Zum einen ist sie eine einstufige Rakete. Ferner wird sie, wie die meisten anderen Gefechtsfeld-Raketen, die man seit den sechziger Jahren identifizieren konnte, auf einem Radfahrzeug statt auf den früher verwendeten Kettenfahrzeugen montiert.

Die Frog-7 kam mit beachtlicher Eile in den Armeen der Sowjetunion und ihrer befreundeten und alliierten Mächte zum Einsatz, darunter die Staaten des Warschauer Paktes. In den Jahren 1970 und 1971 wurde von einer großen Anzahl von Frog-7 in ägyptischen Diensten berichtet. Die letzten erhältlichen Fotos zeigen zu beiden Seiten der feuerbereiten Frog-7 auf ihrem Startfahrzeug je zwei zusätzliche Lenkwaffen.

Frog-7-Lenkwaffeneinheit während einer Übung.

# Gabriel



**Schiffgestützte See-See-Lenkwaffe; in Serienbau und Truppendienst.**

**Hauptauftragnehmer:** Israel Aircraft Industries.
**Antrieb:** Nicht näher bezeichneter Raketenmotor.
**Zelle:** Im wesentlichen zylindrischer Rumpf, der sich gegen das Heck hin verjüngt. Kreuzförmig angeordnete Rechteck-Stabilisierungsflächen und dazu fluchtende, ebenfalls rechteckige Hecksteuerflächen. Spitz zulaufender Bugkonus.
**Lenkung und Steuerung:** Fortgeschrittenes elektronisches Lenksystem mit Zielsuche in der Endphase des Fluges.
**Gefechtskopf:** Hochexplosiv, Gewicht 150 kg
**Länge:** 3,35 m
**Rumpfdurchmesser:** 0,325 m
**Spannweite:** 1,39 m
**Startgewicht:** 400 kg
**max. Reichweite:** 20 km

## ENTWICKLUNG UND TRUPPENDIENST

Diese Unterschall-Schiff-Schiff-Lenkwaffe ist die einzige Lenkwaffe israelischer Konstruktion, von der bisher offiziell Daten bekanntgegeben wurden. Ihre offensichtliche Kompliziertheit und Schlagkraft verleihen Berichten von noch fortgeschritteneren israelischen Lenkwaffen wie die MD-660 noch mehr Gewicht (siehe Seite 115). Gabriel wurde von Israel Aircraft

Industries in Zusammenarbeit mit der israelischen Marine entwickelt mit dem Ziel, eine wirksame Waffe gegen Lenkwaffenschiffe wie die der ägyptischen Osa-Klasse zur Verfügung zu haben, die den israelischen Zerstörer Eilat 1967 versenkte. Gabriel ist seit Anfang 1970 auf den Schiffen der von Frankreich gebauten israelischen Kanonenboote der Saar-Klasse einsatzbereit, von denen jedes zwei schwenkbare Abschußvorrichtungen zu je drei Lenkwaffen am Hinterdeck und zwei Einzel-Abschußvorrichtungen am Vorderdeck beiderseits einer 40-mm-Kanone an Bord hat.

Gabriel gelangt in einem GFK-Container zur Auslieferung, der auch die Startschiene beinhaltet und, ohne daß zusätzliche Tests oder Justierungen notwendig werden, auf den Abschußvorrichtungen an Deck installiert werden kann. Gabriel kann in schlechtem Wetter und bei rauher See gestartet werden und soll das Ziel nur in einigen wenigen Metern Höhe über der Wasseroberfläche anfliegen können, wodurch die Möglichkeit der Erfassung durch das gegnerische Radar reduziert wird. IAI bezeichnet die Gabriel als automatische Zielsuch-Waffe und weist darauf hin, daß sie nicht durch gegnerische elektronische Gegenmaßnahmen gestört werden kann.

## Gainful — UdSSR

**Boden-Luft-Lenkwaffe; in Truppendienst.**

**Antrieb:** Feststoffraketenmotor.
**Zelle:** Zylindrischer Rumpf mit kreuzförmig angeordneten Mitteldeckerflächen und damit fluchtenden kreuzförmigen Hecksteuerflächen. Schlanke, seitliche, zylindrische Leitung von den vorderen Flächen bis fast an das Heck. Kürzere Leitungen ähnlicher Form über und unter dem Raketenkörper.
**Länge:** 6,0 m

### ENTWICKLUNG UND TRUPPENDIENST

Diese kompakte Flugzeug-Abwehrlenkwaffe, die zum ersten Mal am 7. November 1967 anläßlich einer Parade in Moskau in der Öffentlichkeit gezeigt wurde, ist seitdem zur Standard-Waffe der sowjetischen Streitkräfte geworden und soll auch in Ägypten eingesetzt sein. Sie ist etwas größer als die amerikanische Hawk (siehe Seite 76), hat jedoch fast sicher die gleiche Einsatzrolle wie diese, nämlich die Abwehr gegen in niedrigen und mittleren Höhen fliegende gegnerische Flugzeuge bei

sehr geringer Reaktionszeit. Drei Gainful-Lenkwaffen nebeneinander werden auf einem Ketten-Transport- bzw. Startfahrzeug mitgeführt.

## Galosh

## UdSSR

**Raketen-Abwehrlenkwaffe; in Truppendienst.**

**Antrieb:** Raketenmotoren mit vier Düsen in der ersten Stufe.

ENTWICKLUNG UND TRUPPENDIENST

Die Galosh war mindestens so lange in Entwicklung wie ihre US-Gegenspieler des Safeguard-Raketenabwehrsystems. Der geriffelte zylindrische Behälter, in dem die Galosh transportiert und wahrscheinlich auch zum Abschuß gebracht wird, wurde zum ersten Mal auf einem Sattelschleppzug am 7. November 1964 auf einer Moskauer Parade gezeigt. Bei dieser Gelegenheit bezeichnete der sowjetische Kommentator die Galosh als ABM (Anti-Ballistic Missile = Lenkwaffe gegen ballistische Ziele, Raketen-Abwehrwaffe). Jüngere offizielle US-Berichte nehmen an, daß die Galosh jene Lenkwaffe ist, die auf den 64 ABM-Startbasen in der Umgebung von Moskau installiert ist, die mit sehr fortgeschrittenen Frühwarnradars und Zielverfolgungsgeräten ausgerü-

stet sind. Ein Radar, das bei der NATO unter der Bezeichnung Hen House (Hühnerstall) bekannt ist, wird als »so groß wie drei Fußballfelder hintereinander und so hoch, wie ein Fußballfeld breit ist«, bezeichnet und soll »die gleiche Radarüberdeckung liefern, wie sie in den USA dann erreicht sein wird, wenn alle Safeguard-Programme verwirklicht sind«.

Über die Galosh-Lenkwaffe selbst ist nichts bekannt außer der Tatsache, daß vier Erststufen-Düsen im Inneren des 20,4 m langen und 2,75 m im Durchmesser messen-

den Abschußbehälters sichtbar sind. Ein Wochenschaufilm, der 1965 in Moskau vorgeführt wurde, zeigte angeblich einen ABM-Start. Westliche Beobachter nehmen jedoch an, daß es sich dabei um einen frühen Galosh-Test gehandelt habe. Die Lenkwaffe schien dabei eine ähnliche Form wie die amerikanische Sprint zu haben (siehe Seite 205), verjüngte sich jedoch weniger als diese und wies einen konventionellen Bugkonus auf. Man nimmt an, daß die Galosh beim Abschuß die Endkappe des Startbehälters durchschlägt.

## Ganef (SA-4) UdSSR

**Boden-Luft-Lenkwaffe; in Truppendienst.**

**Antrieb:** Staustrahl-Marschtriebwerk. Vier Feststoff-Starttriebwerke außen am Rumpf mit geneigten Abgasdüsen, die nach Brennschluß abgeworfen werden.
**Zelle:** Zylindrischer Hauptrumpf mit Mittelrumpf geringeren Durchmessers, der einen spitzen konischen Gefechtskopf trägt. Schwenkbare, kreuzförmig angeordnete Flächen im vorderen Teil des Hauptrumpfes, die um 45 ° gegenüber den ebenfalls kreuzförmigen Heckflossen versetzt sind. Hinter den Flächen Starttriebwerke außen am Rumpf.
**Lenkung und Steuerung:** Fernlenksystem. Steuerung über schwenkbare Steuerflächen.
**Gefechtskopf:** Hochexplosiv.
**Länge:** 9,15 m
**max. Rumpfdurchmesser:** 0,80 m
**Gipfelhöhe:** 24 400 m

ENTWICKLUNG UND TRUPPENDIENST

Diese Waffe wurde wahrscheinlich entwickelt, um die sowjetischen Landstreitkräfte mit einem hochmobilen Flugzeugabwehrsystem auszurüsten, das bis zur Gipfelhöhe heutiger Kampfflugzeuge wirksam eingesetzt werden konnte. Der ringförmige Lufteinlauf zwischen Hauptrumpf und Zentralkörper deutet darauf hin, daß ein Staustrahltriebwerk Verwendung findet, das auch in Einklang mit der großen Reichweite stehen würde. Das Kettenfahrzeug, auf dem zwei Ganef in einer Moskauer Parade im Mai 1964 gezeigt wurde, dürfte auch im Einsatz verwendet werden. Seit der Moskauer Parade wurde das Ganef-System in großen Zahlen in der Sowjetunion in Dienst gestellt und soll auch in Ägypten als Element der im Land stationierten sowjetischen Streitkräfteteile verwendet worden sein. Ganef kann auf seinem Startfahrzeug von einem Antonow An-22-Frachtflugzeug transportiert werden. Es ist möglich, daß Ganef auch für eine Boden-BodenEinsatzrolle eingesetzt werden kann.

# Genie (AIR-2A) USA

**Ungelenkter Nuklear-Luft-Luft-Flugkörper; in Serienfertigung und Truppendienst.**

**Hauptauftragnehmer:** McDonnell Douglas Astronautics Company.
**Antrieb:** Thiokol SR49-TC-1-Feststoff-Raketenmotor von 16 330 kp Schub.
**Zelle:** Zylindrischer Rumpf mit kreuzförmig angeordneten Heckflossen mit je einer beweglichen Spitze. Bugkonus mit größerem Durchmesser als Rumpf.
**Lenkung und Steuerung:** Kein Lenksystem. Flugbahnstabilisierung über Flossen und Kreiselgerät.
**Gefechtskopf:** Nuklear, Sprengkraft wahrscheinlich ca. 1,5 Kilotonnen.
**Länge:** 2,91 m
**Rumpfdurchmesser:** 0,44 m
**Flossenspannweite:** 1,00 m
**Startgewicht:** 372 kg
**Höchstgeschwindigkeit:** Mach 3
**max. Reichweite:** 9,6 km

## ENTWICKLUNG UND TRUPPENDIENST

Obwohl Genie eine ungelenkte Rakete ist, ist die Aufnahme in dieses Buch gerechtfertigt, weil sie einen Nukleargefechtskopf besitzt. Sie war die erste Luft-Luft-Rakete mit Nukleargefechtskopf, die je in einem echten Schußtest erprobt wurde. Dieser Test fand am 19. Juli 1957 in Indian Springs im US-Bundesstaat Nevada statt; Trägerflugzeug war eine Northrop F-89J Scorpion. Unmittelbar nach dem Raketenabschuß in einer Höhe von 15 000 ft leitete der Pilot der F-89J eine scharfe Kurve ein, um der Atomexplosion zu entgehen. Die Genie wurde nach einer Flugstrekke von 4,8 km vom Boden aus gezündet. USAF-Beobachter, die unmittelbar unter dem Detonationspunkt standen, erlitten keine Schäden. Viele tausend Genie gelangten inzwischen zur Auslieferung und tun heute noch in vorderster Linie in den F-101B- und F-106-Staffeln der USAF und in den CF-101F-Staffeln der kanadischen Luftstreitkräfte Dienst. Sie werden automatisch abgeschossen und über das Hughes-Feuerleitsystem gezündet, das im Trägerflugzeug untergebracht ist. Es existiert auch eine Trainingsversion der Genie ohne Nukleargefechtskopf.

## Goa (SA-3/SA-N-1) UdSSR

**Boden-Luft-Lenkwaffe geringer Reichweite; in Truppendienst.**

**Antrieb:** Zweistufen-Raketenmotoren. Starttriebwerk mit Feststoff-Raketenmotoren.
**Zelle:** Zwei im wesentlichen zylindrische Raketenstufen in Tandembauweise. Starttriebwerk mit großen, kreuzförmig angeordneten Rechteckflossen. Zweitstufe mit ebenfalls kreuzförmigen Flächen im Heck und kreuzförmigen, gekappten Delta-Steuerflächen am sich verjüngenden Bugkonus.
**Lenkung und Steuerung:** Steuerung über bewegliche vordere Steuerflächen.
**Gefechtskopf:** Hochexplosiv
**Länge:** 5,90 m
**Rumpfdurchmesser:** Starttriebwerk 0,70 m, Zweitstufe 0,45 m
**Spannweite:** 1,22 m
**max. Reichweite:** 24 km

Goa-Lenkwaffen auf einem mobilen landgestützten Startfahrzeug.

### ENTWICKLUNG UND TRUPPENDIENST

Goa, ein frühes Gegenstück zur amerikanischen Hawk, ist jene Flugzeugabwehrlenkwaffe, die bei der israelischen Luftwaffe größte Besorgnis auslöste, als 14 Batterien Anfang 1971 die bisher am Suez-Kanal stationierten Guideline-Lenkwaffen ablösten. Goa läßt sich über eine Reichweite von ca. 24 km und bis zu Höhen von 12 200 m einsetzen und ist in den USA in ihrer landstationierten Version als SA-3 bzw. SAM-3 bekannt. Daß Goa sehr kompakt ist, geht daraus hervor, daß sie zu zweit auf jenem Lkw Platz findet, der

auch für die Guideline und Guild (siehe Seiten 69 u. 72) als Schlepper verwendet wird.
In ihrer schiffstationierten Version (Bezeichnung SA-N-1) bildet die Goa die Standard-Lenkbewaffnung der sowjetischen Marine. Sie wird von einem Doppel-Startgerät zum Abschuß gebracht, das jenem für die amerikanische Tartar-Lenkwaffe ähnelt. Sechs Kreuzer der Kresta-Klasse und 15 Kreuzer der Kashin-Klasse tragen je zwei Abschußanlagen auf dem Vorder- und Hinterdeck. Vier Kreuzer der Kynda-Klasse verfügen über eine Doppel-Abschußanlage auf dem Vorderdeck, und auch sieben Schiffe der Kanin-Klasse und drei Zerstörer der Kanin-Klasse haben eine ähnliche Anlage auf ihren Hinterdecks.
Ein Foto einer Doppel-Abschußanlage auf einem Zerstörer, das von der sowjetischen Nachrichtenagentur TASS im Jahre 1971 veröffentlicht wurde, zeigte Lenkwaffen vom Goa-Typ, die mit einem zusätzlichen Heckflossensatz zwischen Starttriebwerk und den Flächen der Zweitstufe ausgerüstet waren. Die Flächen, so kann man diesen Fotos entnehmen, scheinen auch mit Steuerflächen an ihrer Hinterkante ausgerüstet zu sein. Diese Lenkwaffen entsprechen wahrscheinlich den neuen SAM (SA-N-3), die auf den Hubschrauberkreuzern Leningrad und Moskwa eingesetzt sind.

Typische schiffgestützte Startanlage für Goa. Bei diesen Lenkwaffen handelt es sich um die neueste Version mit zusätzlichen Heckflossen.

# Griffon

# UdSSR

**Langstrecken-Boden-Luft-Lenkwaffe; im Truppendienst.**

**Antrieb:** Mehrstufige Raketenmotoren. Feststoff-Raketenmotor im Starttriebwerk der ersten Stufe.
**Zelle:** Zylindrisches Starttriebwerk mit großen, kreuzförmig angeordneten, gekappten Deltaflossen. Die zweite Stufe, die geringeren Durchmesser aufweist, ist ebenfalls zylindrisch und besitzt einen spitz zulaufenden Bug. Sie trägt große gekappte Delta-Flächen in kreuzförmiger Anordnung, von denen jede eine Steuerfläche in der Endkante aufweist. Kreuzförmig angeordnete Hecksteuerflächen am sich verjüngenden Heck der Zweitstufe, die mit den Flächen der Zweitstufe fluchten und gegenüber den Starttriebwerk-Flossen um 45 ° versetzt sind.
Es ist möglich, daß der Gefechtskopf als Drittstufe ausgebildet ist und einen eigenen Raketenmotor aufweist, mit dem der Zielanflug erfolgt.
**Lenkung und Steuerung:** Radar-Fernlenkung. Steuerung über Steuerflächen an der Hinterkante der Stabilisierungsflächen und über Heckflossen der Zweitstufe.
**Gefechtskopf:** Wahrscheinlich austauschbarer Nuklear- und Hochexplosiv-Gefechtskopf.
**Länge (mit Bugsonde):** 16,50 m
**Rumpfdurchmesser:** Starttriebwerk 1,07 m, Zweitstufe 0,85 m
**Spannweite:** 3,65 m

## ENTWICKLUNG UND TRUPPENDIENST

Die Griffon, die größte jemals öffentlich vorgestellte sowjetische Boden-Luft-Lenkwaffe, erschien seit November 1963 – von einem Sattelschlepper transportiert – regelmäßig bei den Moskauer Militärparaden. 1963 wurde sie vom sowjetischen Kommentator als Lenkwaffen-Abwehrlenkwaffe bezeichnet, es scheint aber nicht, daß sie dazu in der Lage ist, einen Interkontinentalraketen- Gefechtskopf abzufangen. Sie ist mit nahezu hundertprozentiger Sicherheit auf die Flugzeugabwehr-Rolle beschränkt, wogegen sie gegen taktische ballistische Lenkwaffen und Luft- Boden- Lenkwaffen wahrscheinlich weniger wirksam eingesetzt werden kann.

## Guideline (V750VK, SA-2/SA-N-2) UdSSR

**Boden-Luft-Lenkwaffe; in Truppendienst.**

**Daten** beziehen auf die erste Version.
**Antrieb:** Flüssigtreibstoff-Marschtriebwerk. Feststoff-Starttriebwerk.
**Zelle:** Zweistufen-Lenkwaffe (Tandem-Bauweise). Das Starttriebwerk ist zylindrisch und hat kreuzförmig angeordnete, gekappte Delta-Flossen, von denen zwei über Steuerflächen an ihrer Hinterkante verfügen. Zweitstufe geringeren Durchmessers hat zylindrischen Rumpf mit aufgedickter Verkleidung, festen, kreuzförmig angeordneten Flächen in der Mitte zwischen Bug und Heck und kleinen, ebenfalls kreuzförmig angeordneten Steuerflächen im Heck. Alle Flächen fluchtend mit Starttriebwerksflossen. Kleine, kreuzförmig angeordnete Leitflächen im Bug.
**Lenkung und Steuerung:** Automatische Funkfernlenkung. Steuerung über bewegliche Hecksteuerflächen und über die Steuerflächen am Starttriebwerk.
**Gefechtskopf:** Hochexplosiv, Gewicht 131 kg mit Kontakt- oder Annäherungszünder. Zündung kann auch über Kommando von außen erfolgen.
**Länge:** 10,60 m
**Rumpfdurchmesser:** Starttriebwerk 0,66 m, Zweitstufe 0,51 m
**Spannweite:** 1,70 m
**Startgewicht:** 2270 kg
**Höchstgeschwindigkeit:** Mach 3,5
**max. Reichweite:** 40 km

Drei Guideline-Lenkwaffen der Version Nr. 4 (im Vordergrund).

Waffensystem V75SM mit Guideline-Lenkwaffen, Radarwagen und Generator.

SA-N-2 Guideline-Lenkwaffen an Bord des sowjetischen Kreuzers Dzerzhinski.

## ENTWICKLUNG UND TRUPPENDIENST

Die Guideline, die am meisten verwendete von allen sowjetischen Flugzeugabwehr-Lenkwaffen, wurde zum ersten Mal im Jahre 1957 in Moskau gezeigt. Sie tut heute Dienst in der gesamten Sowjetunion und in den Staaten des Warschauer Paktes und wurde in sehr großen Stückzahlen nach Kuba, Ägypten, Indonesien, in den Irak, nach Nordvietnam und andere Länder geliefert. Im Frühjahr 1971 wurde von mindestens 28 Guideline-Batterien berichtet, die in der Nähe des Suezkanals zur Aufstellung gelangt seien.

Guideline-Lenkwaffen, die in die Hände israelischer Truppen gefallen waren – während des Sechstagekrieges im Jahre 1967 –, sollen die sowjetische Bezeichnung V750VK getragen haben, wobei man annimmt, daß die Bezeichnung V75SM auf das gesamte Waffensystem anwendbar ist. Dazu zählen das Schlepper-, Transporter- und Aufrichtfahrzeug Zil 157, ein Radarfahrzeug und einige Generatoren. Die US-Bezeichnung für die Guideline lautet SA-2 oder SAM-2, während die Guideline-Version, die an einem Doppel-Abschußgerät auf dem sowjetischen Marine-Kreuzer Dzerzhinski Dienst tut, als SA-N-2 bekannt ist. Die Guideline wurde während ihrer Entwicklungsgeschichte zahlreichen Verbesserungen unterzogen. Die Originalversion, die hier der Einfachheit halber Version Nr. 1 genannt werden soll, ähnelte der ersten Generation der amerikanischen Nike-Ajax in einer ganzen Reihe von Entwurfsmerkmalen und verfügte wahrscheinlich auch über vergleichbare Leistungen. Anfänglich waren die Leitflächen am Bug rechteckig, aber die von den Israelis in Besitz genommene Version Nr. 2 hatte bereits gekappte Delta-Leitflächen. Die neueste Variante, die Version Nr. 4, die erstmals 1967 in Moskau zu sehen war, ist um ca. 40 cm länger als die Version Nr. 2 und besitzt keine Bug-Leitflächen und keine Starttriebwerk-Steuerflächen. Diese Lenkwaffe wurde vom sowjetischen Sprecher anläßlich der Parade als weitaus schlagkräftiger als frühere Versionen beschrieben und könnte eventuell im aufgedickten, weiß bemalten Bugkonus einen Nukleargefechtskopf mit sich führen.

# Guild UdSSR

**Boden-Luft-Lenkwaffe; in Truppendienst.**

**Antrieb:** Feststoff-Raketenmotor.
**Zelle:** Zylindrischer Rumpf mit spitz zulaufendem Bug. Kreuzförmig angeordnete gekappte Delta-Flächen mit je einer Steuerfläche an der Hinterkante. Kreuzförmig angeordnete vordere Steuerflächen, die mit Hauptflächen fluchten.
**Lenkung und Steuerung:** Steuerung über vordere Steuerflächen und Hauptflächenklappen.
**Gefechtskopf:** Hochexplosiv.
**Länge:** 12,0 m

## ENTWICKLUNG UND TRUPPENDIENST

Die Guild-Lenkwaffe war der zweite Typ sowjetischer Boden-Luft-Lenkwaffen, die am 7. November 1960 in Moskau auf einer Parade vorgeführt wurden. Zum Unterschied zur Guideline (siehe Seite 69) hat sie kein Extra-Starttriebwerk, was eventuell auf die Verwendung eines Doppelschub-Feststoff-Raketenmotors hinweist. Obwohl guter Grund für die Annahme besteht, daß Guild eine Standard-Abwehrwaffe der UdSSR ist, weist nichts darauf hin, daß sie auch in andere Länder exportiert wurde.

## Hardsite

USA

**Abwehr-Lenkwaffensystem gegen ballistische Lenkwaffen; in Entwicklung.**

ENTWICKLUNG UND TRUPPENDIENST

Die US Army begann – bereits fortgeschrittene – Entwicklungsarbeiten an Prototypenkomponenten des Hardsite-Verteidigungssystems im Fiskaljahr 1971. Bisher durften keine Details über Hardsite veröffentlicht werden, doch soll Hardsite das Safeguard-Raketenabwehrsystem (siehe Seite 156) ergänzen und es mit der Fähigkeit versehen, gegen sowjetische U-Boot-gestartete ballistische Lenkwaffen und landstationierte Interkontinentalraketen mit Mehrfach-Gefechtsköpfen mit Erfolg vorzugehen. Zu den Teilsystemen von Hardsite gehören ein neues Computer-Radar und eine neue Kurzstrecken-Lenkwaffe zur Ergänzung der Sprint (siehe Seite 205).

## HARM

USA

**Anti-Radar-Luft-Boden-Lenkwaffe hoher Geschwindigkeit; in Entwicklung.**

**Hauptauftragnehmer:** Naval Weapons Center, China Lake, California.

ENTWICKLUNG UND TRUPPENDIENST

Bis jetzt sind nur wenige Informationen über diese neue Lenkwaffe bekanntgegeben worden. Zweifellos wurde ihre Entwicklung durch Vietnam-Erfahrungen beschleunigt. In Vietnam war es Radarsystemen sowjetischer Herstellung des öfteren gelungen, anfliegende Anti-Radar-Waffen der ersten amerikanischen Generation wie Shrike zu erfassen und abzuschießen, bevor sich die Lenkwaffe auf ihre Radarstrahlung aufschalten konnte. HARM (High-velocity Anti-Radiation Missile = Anti-Radar Lenkwaffe großer Geschwindigkeit) soll eine so hohe Geschwindigkeit erreichen, daß sie jedes Radarziel erfassen kann, bevor die gegnerischen Radar-Bedienmannschaften ihre Radar abschalten können.

# Harpon

# Frankreich

**Panzerbekämpfungs-Lenkwaffe; in Serienbau.**

**Hauptauftragnehmer:** Nord-Aviation/ Aérospatiale, Division Engines Tactiques.
**Lenkung und Steuerung:** Drahtlenkung unter Verwendung des optischen Ziel- und Infrarot-Verfolgungssystems TCA.

## ENTWICKLUNG UND TRUPPENDIENST

Harpon gleicht äußerlich der Panzerbekämpfungslenkwaffe SS.11B.1 (siehe Seite 211) und hat auch ähnliche Leistungen und austauschbare Gefechtsköpfe, verwendet jedoch das automatische TCA-Lenksystem, wie es bei der AS.30 beschrieben ist (siehe Seite 21). Harpon war tatsächlich die erste einer Reihe von Lenkwaffen, die die Nord-Aviation (heute Aérospatiale) konstruierte oder modifizierte, um dieses Lenksystem aufzunehmen. Harpon hat unter Beweis gestellt, daß sie wirksam bis herunter auf Reichweiten von 400 m operieren kann, da der Lenkwaffen-Operator keine Zeit für das Erfassen der Lenkwaffe nach dem Start benötigt. Normalerweise wird Harpon auf einem Startgerät auf einem leicht gepanzerten Fahrzeug mitgeführt und soll auch Abwehrmöglichkeiten gegen niedrig fliegende, von vorn angreifende Flugzeuge oder Hubschrauber in der Boden-Luft-Einsatzrolle bieten.

Boden-Boden-Version der Harpoon mit Feststoff-Starttriebwerk in Tandem-Anordnung.

## Harpoon (ZAGM-84A) USA

**Luft-Boden- und Boden-Boden-Lenkwaffe gegen Schiffziele; in Entwicklung.**

**Hauptauftragnehmer:** McDonnell Douglas Corporation.
**Antrieb:** Entweder Garrett AiResearch ETJ 331- oder Teledyne CAE-Strahltriebwerk. Feststoff-Raketenstarttriebwerk nur für Boden-Boden-Starts.
**Zelle:** Schlanker zylindrischer Rumpf mit spitz zulaufendem Bug. Kreuzförmig angeordnete Flächen und dazu fluchtende Hecksteuerflächen. Vertikal-Lufteinlauf für Strahltriebwerk. Wenn das Tandem-Starttriebwerk installiert ist, dann fluchten die kreuzförmig angeordneten Flossen mit den Lenkwaffenflossen.
**Abmessungen, Gewicht und Leistungen:** Geheim.

### ENTWICKLUNG UND TRUPPENDIENST

Nach dreijährigen Forschungs- und Studienarbeiten und nach der Bewertung der Konkurrenzentwürfe von fünf bedeutenden US-Unternehmen wurde im Juni 1971 McDonnell Douglas zum Hauptauftragnehmer für dieses wichtige Waffenprogramm ausgewählt. Ein bedeutender Unterauftragnehmer ist die Texas Instruments Inc. Die Programmleitung hat das US Naval Air Systems Command inne, das vom Naval Ordnance Systems Command in seiner Arbeit unterstützt wird. Diese Tatsache läßt bereits erkennen, daß Harpoon sowohl von Schiffen als auch von Flugzeugen aus zum Abschuß gelangen soll. Haupteinsatzrolle ist die Bekämpfung von Schiffzielen auf große Stand-Off-Reichweiten. Nur wenige Details sind über Harpoon erhältlich. Fest steht, daß die Lenkwaffe Strahlantrieb erhält. Bisher wurden Lenkwaffenattrappen auf Unterflügelstationen von McDonnell Douglas F-4 Phantom II und in einem Asroc-Startgerät gezeigt. Die Verwendung von bereits existierenden Startanlagen soll zu Geldersparnissen und zu einer beschleunigten Indienststellung der Harpoon führen. Der gegenwärtige Vertrag beinhaltet die Vorführung von Testeinheiten der Lenkwaffe und läuft über zwei Jahre. Wird diese Vertragsphase ohne Schwierigkeiten durchlaufen, dann sollen der Endentwicklungsvertrag und schließlich die Aufnahme der Serienfertigung im Jahre 1975 folgen.

## Hawk (MIM-23A) USA

**Boden-Luft-Lenkwaffe geringer Reichweite; in Serienbau und Truppendienst.**

**Daten** beziehen sich auf Hawk-Grundversion.
**Hauptauftragnehmer:** Raytheon Company.
**Antrieb:** Doppelschub-Feststoffraketenmotor Aerojet-General M22 E8.
**Zelle:** Zylindrischer Metallrumpf mit spitz zulaufendem Bug. Langgestreckte, kreuzförmig angeordnete Flächen mit je einem Elevon an der Hinterkante.
**Lenkung und Steuerung:** Halbaktives Dauerstrich-Zielsuchradarsystem von Raytheon.
**Gefechtskopf:** Hochexplosiv.
**Rumpfdurchmesser:** 0,36 m
**Spannweite:** 1,20 m
**Startgewicht:** 587 kg
**Höchstgeschwindigkeit:** Mach 2,5
**max. Reichweite:** 35 km
**Gipfelhöhe:** 11 600 m

Selbstfahr-Startanlage der Hawk.

Ketten-Ladefahrzeug für Hawk. Im Hintergrund Startanlage.

## ENTWICKLUNG UND TRUPPENDIENST

Hawk, die zu Tausenden in Europa und Japan sowie in den USA von Raytheon gebaut wurde, ist eine Flugzeug-Abwehrwaffe für niedrige und mittlere Höhen, die eine Schrittmacherrolle in diesem schwierigen Einsatzbereich gespielt hat. Schon im Januar 1960 fing ein Hawk (Homing All the Way Killer) eine Überschall-Infanterierakete vom Typ Honest John ab, zerstörte sie und war somit die erste Lenkwaffe, die eine ballistische Rakete abschoß. Später erzielten Hawk-Lenkwaffen gleiche Erfolge gegen eine kleinere Little John- und eine Corporal-Lenkwaffe. Die Hawk war im August 1960 voll einsatzbereit und wurde in der Folge von der US Army und vom US Marine Corps in Europa, in Korea, auf Okinawa, in der Panama-Kanalzone und in Vietnam stationiert. Zu den anderen Nationen, die mit Hawk ausgerüstet sind, gehören Belgien, Frankreich, Israel, Italien, Japan, Korea, die Niederlande, Saudi Arabien, Spanien, Schweden, Taiwan und die Bundesrepublik Deutschland.

Das komplette Hawk-Waffensystem kann sowohl von Flugzeugen als auch von Hubschraubern aus verschossen werden. Eine typische Hawk-Batterie besteht aus sechs Startanlagen mit je drei Lenkwaffen, einem Ketten-Ladefahrzeug, das ebenfalls drei Lenkwaffen gleichzeitig zu den Startvorrichtungen bringen kann, einem Impuls-Erfassungsradar, einem Dauerstrich-Erfassungsradar, einem Entfernungsmeß-Radar,

Zielerleuchtungsradars und einem Batterie-Steuerzentrum. Der ursprüngliche Startanlagen-Sattelschlepper wurde bei einigen Einheiten der US Army von einem Selbstfahr-Kettenfahrzeug abgelöst, das auch Bodenunterstützungsgerät ziehen kann. Die Schlagkraft der Hawk, die bis herunter zu Baumwipfelhöhen wirksam ist, resultiert aus der Tatsache, daß die zugehörigen Radaranlagen die von einem in niedriger Höhe fliegenden Ziel stammenden Radarreflexe von der Masse der von Bodenobjekten stammenden Reflexe unterscheiden können.

1964 begann man bei Raytheon die Entwicklung einer verbesserten Hawk, einer vollständig neu überarbeiteten Lenkwaffe mit Festkörper-Lenkeinheit, größerem Gefechtskopf und verbessertem Raketentreibstoff von Aerojet-General. Für diese Version wurde 1971 der Serienauftrag erteilt. Die verbesserte Hawk soll die bisherigen Hawk-Versionen ablösen.

## Hellcat

## Großbritannien

**Taktische Luft-Boden-Lenkwaffe.**

**Hauptauftragnehmer:** Short Brothers and Harland Ltd.

### ENTWICKLUNG UND TRUPPENDIENST

Die Hellcat ist die geplante Luft-Boden-Version der Seacat (siehe Seite 121), die auf den meisten Militärhubschraubermustern mitgeführt werden soll. Das Hellcat-System soll die Standard-Seacat-Lenkwaffe verwenden, ferner ein mit der Hand bedienbares Steuergerät und ein kreiselstabilisiertes Visier im Cockpit des Trägerflugzeugs bzw. -hubschraubers.

# HOBOS USA

**Zielsuch-Bombensystem; in Serienbau und Truppendienst.**

**Hauptauftragnehmer:** North American Rockwell Corporation.
**Zelle:** Die zylindrischen Bug- und Heck-Baugruppen, die mit vier langgestreckten, kurzspannweitigen Leitflächen zusammengehalten werden, passen in die Standard-Bombenverkleidung. Kreuzförmig angeordnete Heckflossen, die ein integrales Bauteil mit den vier Leitflächen bilden, mit je einer Steuerfläche an ihrer Hinterkante.
**Lenkung und Steuerung:** Verschiedene Lenksystemtypen können zum Einbau gelangen. Das gegenwärtige HOBOS-System verwendet eine Fernseh-Lenkung, wie sie bei der Hornet (siehe Seite 55) beschrieben wurde. Steuerung über die Klappen an den Heckflächen.
**Gefechtskopf:** Die gegenwärtig im Einsatz stehenden HOBOS-Lenkwaffen werden um die Standard-MK 84- und -M118E1-Bomben »herumgebaut«. Gewichte der Bomben 907 kg bzw. 1360 kg.

## ENTWICKLUNG UND TRUPPENDIENST

Das HOBOS-System (HOming BOmb System – Zielsuch-Bombensystem) besteht aus einem Teilesatz, der auf einer Reihe von Standardbomben ohne Eigenantrieb montiert werden kann, um sie in sehr präzise Lenkwaffen umzuwandeln. Jeder Teilesatz besteht aus einer vorderen Lenk-Baugruppe, dem Verbindungsteil, zu dem auch die Bombe gehört, und aus einer hinteren Steuerungsgruppe einschließlich Autopilot. Die meisten zur Zeit verwendeten HOBOS-Serien-Lenkwaffen werden um MK 84-Bomben herumgebaut und sind mit dem Fernseh-Lenksystem ausgerüstet, das für die Hornet, eine Experimental-Luft-Boden-Lenkwaffe, entwickelt wurde. Die normale Bombenaufhängung und das Auslösesystem am Trägerflugzeug bleiben unverändert.

# Honest John (MGR-1) USA

**Ungelenkter Boden-Boden-Artillerieflugkörper; in Truppendienst.**

**Daten** beziehen sich auf die MGR-1B.
**Hauptauftragnehmer:** US Army Missile Command (USAMICOM).
**Antrieb:** Einstufiger Feststoff-Raketenmotor Hercules M-31A1.
**Zelle:** Zylindrischer Metallrumpf mit aufgedicktem Bugkonus und vier gekappten Delta-Heckflossen.
**Lenkung und Steuerung:** Nur Drallstabilisierung. Der Anfangsdrall wird von den Thiokol-Raketen hinter dem Gefechtskopf erzeugt und während des Fluges von den versetzten Heckflossen gehalten.
**Gefechtskopf:** Entweder nuklear oder hochexplosiv, Gewicht ca. 680 kg.
**Länge:** 7,55 m
**Rumpfdurchmesser:** 0,76 m
**Flossenspannweite:** 1,37 m
**Startgewicht:** 2140 kg
**Höchstgeschwindigkeit:** Mach 1,5
**Reichweitengrenzen:** 7,4 bis 37 km.

ENTWICKLUNG UND TRUPPENDIENST

Obwohl die Honest John ungelenkt ist, hat diese große Artillerierakete der NATO und den alliierten Armeen zwei Dekaden lang ein mächtiges Nuklearinstrument in die Hand gegeben. Die Entwicklung der Honest John wurde von Douglas unternommen, unterstützt und technisch überwacht von den US Army Ordnance Missile Laboratories in Redstone Arsenal im US-Bundesstaat Alabama. Mit ersten Schießversuchen wurde 1951 begonnen, nur ein Jahr, nachdem Douglas den Erstauftrag erhalten hatte. Die Originalversion MGR-1A der Honest John wurde in der Folge in sehr großen Zahlen von Douglas und von Emerson Electric gebaut. Die Weiterführung der Entwicklungsarbeiten leitete zur MGR-1B über, die in der Länge um 0,76 m verkürzt wurde, aber verbesserte Leistungen aufwies. Diese Version ging 1960 in den Einsatz in vorderster Linie und wird immer noch von den Armee-Einheiten der USA verwendet, die in Europa und Japan stationiert sind. Ferner beschafften Großbritannien, Italien, Frankreich und die Bundesrepublik die Honest John. Das US Marine Corps stellte drei Honest John-Batterien auf, gab sie aber wieder auf, als sich das Waffensystem zu empfindlich für den amphibischen Einsatz erwies.

## Hornet (ZAGM-64A) USA

**Luft-Boden- und Boden-Boden-Lenkwaffe zur Panzerbekämpfung; in Entwicklung.**

**Hauptauftragnehmer:** North American Rockwell Corporation.
**Antrieb:** Doppelschub-Feststoff-Raketenmotor.
**Zelle:** Zylindrischer Rumpf. Im Heck kreuzförmig angeordnete Flächen mit je einer Steuerfläche in der Endkante. Die Fernseh-Zielsuchversion besitzt eine halbkugelige Glasspitze.
**Lenkung und Steuerung:** Eine Vielfalt von auswechselbaren Lenksystemen ist verfügbar. Die abgebildete Version ist mit Fernseh-Lenkung ausgerüstet. Steuerung über Flächenklappen.
**Gefechtskopf:** Zur Zeit noch nicht verfügbar.
**Reichweite:** mehr als 3,7 km

ENTWICKLUNG UND TRUPPENDIENST

Die Columbus Division von North American Rockwell entwickelte die Hornet ursprünglich unter einem USAF-Vertrag (1965 bis 1966), um die Anwendbarkeit eines Fernseh-Lenksystems auf eine Luft-Boden-Panzerbekämpfungs-Lenkwaffe unter Beweis zu stellen. Ein Versuchsschießen mit

einer F-100 ergab fünf direkte Treffer auf stationäre und bewegte Ziele, aber trotzdem wurde die Hornet-Entwicklung nicht weitergeführt. Statt dessen modifizierte die USAF das Hornet-Lenksystem für die Anwendung auf das gelenkte Bombensystem HOBOS (siehe Seite 79).

1970 entschloß sich die US Army, eine neue Version der Hornet für die Erprobung einer Reihe von Laser- und Fernseh-Suchsystemen heranzuziehen, die für die nächste Generation von Erdkampfunterstützungs-Lenkwaffen geplant waren. Ein größerer Raketenmotor wurde für den Abschuß vom Boden aus eingebaut, das Steuerungssystem wurde modifiziert und auf die Verwendung von Kaltgas-Aktuatoren umgestellt. Ansonsten wurde die jetzige Version – die als Terminal Homing Flight Test Vehicle (Flugerprobungsgerät für Endzielsuche) bekannt ist – nur geringfügig abgeändert. Bei der Fernseh-Version muß die Bedienmannschaft lediglich die stabilisierte Vidicon-Kamera vor dem Start auf das Ziel aufschalten. Das geschieht über einen Fernseh-Monitor. Die Lenkwaffe führt die Zielsuche nach dem Start dann vollautomatisch durch, ohne daß der Operator noch einmal eingreifen muß.

## HOT Frankreich/Bundesrepublik Deutschland

**Panzerbekämpfungs-Lenkwaffe; in Entwicklung.**

**Hauptauftragnehmer:** Aérospatiale, Division Engins Tactiques/Messerschmitt-Bölkow-Blohm GmbH.
**Antrieb:** Zweistufiger Feststoff-Raketenmotor.
**Zelle:** Im wesentlichen zylindrischer Rumpf mit Hecksektion größeren Durchmessers und aufgedicktem, spitz zulaufendem Bug. Vier ausfahrbare Flossen.
**Lenkung und Steuerung:** Drahtlenkung in Verbindung mit optischem Ziel- und Infrarot-Verfolgungssystem. Drallstabilisierung durch Flossen. Steuerung über Leitflächen im Abgasstrahl.
**Länge:** 1,27 m
**Rumpfdurchmesser:** 0,14 m
**Flossenspannweite:** 0,31 m
**Startgewicht:** 20 kg
**Höchstgeschwindigkeit:** 1010 km/h
**Reichweitengrenzen:** 75 bis 4000 m

### ENTWICKLUNG UND TRUPPENDIENST

HOT (High-Subsonic, Optically-guided, Tube-launched = hohe Unterschallgeschwindigkeit, optisch gelenkt, rohrgestartet) ähnelt in ihrer Auslegung der MILAN (siehe Seite 116) und verwendet auch das gleiche Lenksystem, ist jedoch größer und leistungsstärker. Die HOT-Lenkwaffen sollen zu je drei Stück zu beiden Seiten des Turmes von leichten gepanzerten Fahrzeugen wie z. B. dem französischen AMX-13-Tank oder dem SPZ aus der Bundesrepublik mitgeführt werden. Während des Jahres 1970 wurden Schießversuche durchgeführt, bei denen zwei HOT, die von einem AMX-13 abgefeuert wurden, in einem Abstand von 30 cm von einem 3500 m entfernten Ziel einschlugen. Ferner wurden Schießversuche von einem Alouette III-

Hubschrauber aus unternommen. Die Hauptauftragnehmer entwikkeln zur Zeit ein automatisches Lenksystem für den Luft-Boden-Einsatz von HOT. Sie weisen darauf hin, daß diese Waffe – ebenso wie MILAN – auch in der Boden-Luft-Einsatzrolle gegen von vorn angreifende Hubschrauber und niedrig fliegende Flugzeuge verwendet werden kann. Die Produktion des HOT-Systems hängt vom Ausgang der Konkurrenzbewertung von HOT, dem französischen ACRA-System und dem amerikanischen TOW-System ab.

## Hound Dog (AGM-28) USA

**Strategische Luft-Boden-Stand-Off-Lenkwaffe; in Truppendienst.**

**Hauptauftragnehmer:** North American Aviation Inc.
**Antrieb:** Strahltriebwerk Pratt & Whitney J52-P-3 von 3400 Schub.
**Zelle:** Zylindrischer Rumpf mit beweglichen vorderen Delta-Steuerflächen am langgestreckten, spitz zulaufenden Bug. Deltaflächen mit Querrudern im Heck, vertikale Heckflosse und Ruder. Triebwerkgondel an kurzem Stiel unter hinterem Rumpfteil.
**Lenkung und Steuerung:** Trägheitslenksystem von North American Autonetics, in Verbindung mit einem Sternverfolgungssystem von der Kollsman Instrument Company. Steuerung über aerodynamische Flächen.
**Gefechtskopf:** Thermonuklear (Sprengkraft wahrscheinlich 4 Megatonnen)
**Länge:** 12,95 m
**Rumpfdurchmesser:** 0,72 m
**Startgewicht:** 4350 kg
**Marschgeschwindigkeit:** Mach 2
**max. Reichweite:** 965 km

### ENTWICKLUNG UND TRUPPENDIENST

Die Hound Dog, das amerikanische Gegenstück zur britischen Blue Steel (siehe Seite 30), unterscheidet sich von dieser durch den Strahlantrieb, der ihr eine größere Reichweite verleiht. Die Hound Dog-Entwicklung wurde 1957 gestartet, um eine Primärbewaffnung für die Versionen B-52G und H des strategischen Stratofortress-Bombers zu schaffen. Die B-52 führt die Hound Dog an Unterflügelstationen mit sich. Das Hound Dog-Waffensystem ging auf der B-52G im Dezember 1959 in Dienst. Später wurden auch frühere B-52-Varianten dahingehend modifiziert, daß sie Hound Dog transportieren und zum Abschuß bringen konnten. Im August 1963 wurde das 29. Strategic Air Command mit Hound Dog ausgerüstet. In den frühen siebziger Jahren waren immer noch einige hundert Lenkwaffen dieses Typs im Einsatz, wobei sie regelmäßig modifiziert wurden,

um ihre Schlagkraft zu wahren. Zahlenmäßig am meisten vertreten sind heute die Lenkwaffen der Version AGM-28B (früher GAM-77A), deren Navigationsgenauigkeit verbessert wurde.
Hound Dog wird zusammen mit dem Flügel-Aufhängungspylon gelagert und unter dem Flügel des Trägerflugzeugs montiert. Diese Aufhängevorrichtung enthält das Astroverfolgungssystem, das ergänzende Daten zu jenen Werten liefert, die noch vor dem Start vom B-52-Navigationssystem der Hound Dog übermittelt wurden. Die Lenkwaffen-Triebwerke können während des Starts des schweren B-52-Trägerflugzeugs angelassen werden, um seine Startstrecke zu verkürzen. Diese Maßnahmen beschneiden die Reichweite der Hound Dog nicht, da ihre Tanks von jenen der B-52 wieder gefüllt werden können. Die B-52-Mannschaft kann während des Fluges Wechsel des Ziels bzw. des Lenkwaffen-Flugprofils vornehmen, bevor die Hound Dog gestartet wird. Die Gipfelhöhe der Hound Dog wird mit über 15 850 m angegeben.

# Ikara Australien

**Langstrecken-U-Boot-Bekämpfungs-Lenkwaffe; in Serienbau und Truppendienst.**

**Hauptauftragnehmer:** Department of Supply, Commonwealth of Australia.
**Antrieb:** Doppelschub-Feststoff-Raketenmotor.
**Zelle:** Rumpf mit Rechteckquerschnitt und Mitteldeckerflügel (gekapptes Delta), kombiniertem Höhenruder-Querruder und oberen und unteren Seitenleitwerksflossen. Torpedo in Aussparung im unteren Rumpfbereich.

Ikara-Startanlage.

**Lenkung und Steuerung:** Funk/Radar-Lenksystem, das Signale vom automatischen Zielsuchsystem an Bord des Trägerschiffes erhält. Steuerung über Höhenruder-Querruder-Kombination am Flügel.
**Gefechtskopf:** Leichter akustischer Zielsuchtorpedo US Type 44 oder andere Torpedomuster
**Länge:** 3,35 m
**Flügelspannweite:** 1,50 m
**Gewicht und Leistungen:** Geheim.

## ENTWICKLUNG UND TRUPPENDIENST

Diese U-Boot-Bekämpfungs-Lenkwaffe großer Reichweite war ursprünglich darauf ausgelegt, die Schiffe der Royal Australian Navy mit einer Waffe geringer Reaktionszeit auszurüsten, die hohe Genauigkeit bei allen Wetterbedingungen liefern sollte. Drei Zerstörer der australischen Perth-Klasse sind mit je zwei Einzel-Startanlagen ausgerüstet; die sechs Zerstörer der River-Klasse haben je eine Startanlage an Bord. Eine Version der Ikara, die als RN Ikara bekannt ist, wird gemeinsam von dem australischen Department of Supply und von Hawker Siddeley Dynamics in Großbritannien für die Royal Australian Navy entwickelt. Diese Variante soll auf den Schiffen der Leander-Klasse der australischen Marine zum Einbau gelangen und besitzt ein Startsystem von Vik-

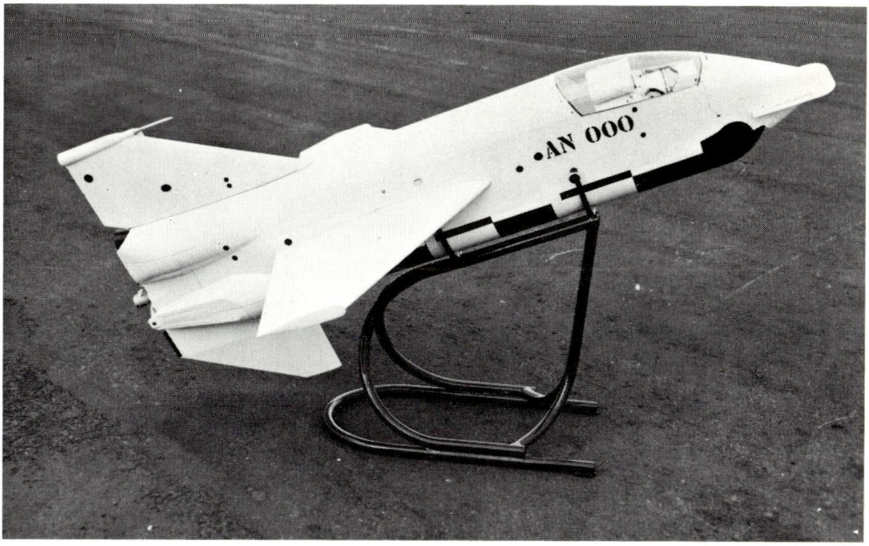


Attrappe der Ikara.

kers. Diese Lenkwaffe soll auch auf dem neuen Lenkwaffenzerstörer HMS Bristol installiert werden. Die Ikara-Lenkwaffen werden zusammen mit dem Torpedo in einem Magazin an Bord des Trägerschiffes gelagert, von dem sie schnell zur schwenkbaren Startanlage gebracht werden können. Wird ein gegnerisches U-Boot vom Sonar an Bord des Trägerschiffes, von anderen Schiffen oder von Aufklärungshubschraubern erfaßt, so wird das Startgerät in Richtung Ziel gedreht und die Lenkwaffe abgefeuert. Sie wird während des Fluges vom Trägerschiff aus verfolgt und gelenkt. Ist die optimale Position für einen Angriff erreicht, wird der Torpedo durch Abtrennen der Heckflossen-Baugruppe abgeworfen und gelangt mit einem Fallschirm zur Wasseroberfläche. Er erreicht dann das gegnerische Schiff, indem er sich auf seine Schallabstrahlung aufschaltet.

# Indigo Italien

**Boden-Luft-Lenkwaffe geringer Reichweite; in Entwicklung.**

**Hauptauftragnehmer:** Sistel – Sistemi Elettronici SpA.
**Antrieb:** Feststoff-Raketenmotor von 3200 kp Schub.
**Zelle:** Zylindrischer Leichtmetallrumpf mit spitz zulaufendem Bug. Kreuzförmig angeordnete, bewegliche Flächen im mittleren Rumpfbereich, die mit den festen, ebenfalls kreuzförmig angeordneten Heckflossen fluchten.
**Lenkung und Steuerung:** Leitstrahl/Funkkommando-Lenksystem. Steuerung über bewegliche Hauptflächen.
**Gefechtskopf:** Hochexplosiver Splittergefechtskopf mit Infrarot-Annäherungszünder von Hawker Siddely Dynamics.
**Länge:** 3,20 m
**Rumpfdurchmesser:** 0,19 m
**Spannweite:** 0,79 m
**Startgewicht:** 97 kg
**Höchstgeschwindigkeit:** Mach 2,5
**Reichweitengrenzen:** 1 bis 10 km

## ENTWICKLUNG UND TRUPPENDIENST

Nach erfolgreich durchgeführten Schießversuchen auf dem italienischen Schießgelände in Sardinien wird die Indigo-Lenkwaffe zur Zeit von der italienischen Armee einer Bewertung unterzogen. Contraves Italiana, eine der Muttergesellschaften von Sistel, hat einen Integrations-Bausatz entwickelt, der es ermöglicht, daß die Lenkwaffe auch von Flak-Batterien aus abgeschossen werden kann, die entweder mit dem Super Fledermaus-Feuerleitsystem, das von der Contraves AG in der Schweiz entworfen wurde, oder mit der Eigenkonstruktion CT40-G ausgerüstet sind. Das Leitstrahl-Lenksystem mit Funksteuerungs-Hilfe und Infrarot-Zielsuchsystem (im Fall von gegnerischen ECM-Störversuchen) gehört zur Indigo-Standardausrüstung (ECM = Electronic Countermeasures = elektronische Gegenmaßnahmen).

## KAM-3D (Typ 64 ATM-1) — Japan

**Panzerbekämpfungs-Lenkwaffe; in Serienbau und Truppendienst.**

**Hauptauftragnehmer:** Kawasaki Jukogyo Kabushiki Kaisha.
**Antrieb:** Doppelschub-Feststoff-Raketenmotor. Erste Stufe 130 kp, zweite Stufe 15 kp Schub.
**Zelle:** Zylindrischer Stahlrumpf mit konischem, stumpfem Zentralkörper auf dem abgerundeten Bug. Große, kreuzförmig angeordnete Flächen in Ganzmetallkonstruktion im Heck, mit je einem über die ganze Spannweite laufenden Spoiler an der Profilhinterkante.
**Lenkung und Steuerung:** Drahtlenkung mit Kreiselstabilisierung. Steuerung über Flächenspoiler.
**Gefechtskopf:** Hochexplosiv.
**Länge:** 1,02 m
**Rumpfdurchmesser:** 0,12 m
**Spannweite:** 0,60 m
**Startgewicht:** 15,7 kg
**Marschgeschwindigkeit:** 306 km/h
**Reichweitengrenzen:** 350 bis 1800 m

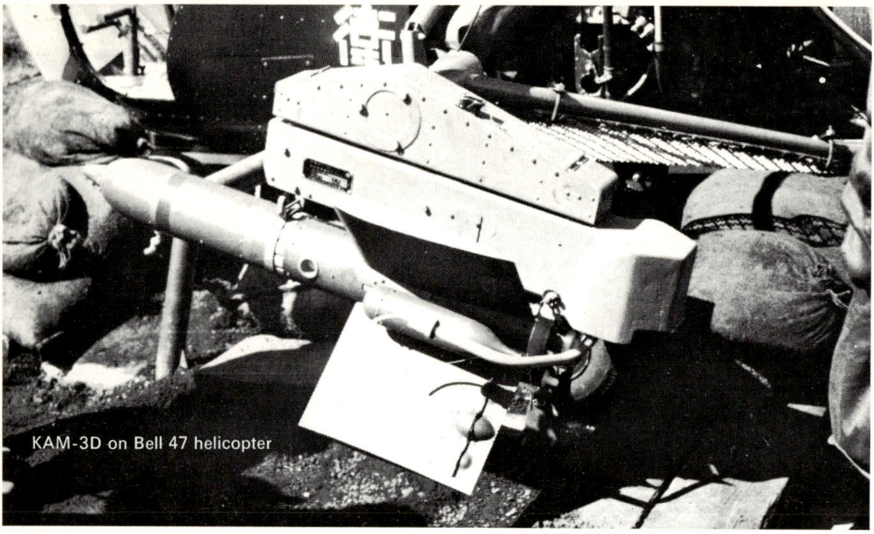


KAM-3D an einem Bell 47-Hubschrauber.

## ENTWICKLUNG UND TRUPPENDIENST

Kawasaki startete die Entwicklung dieser Lenkwaffe im Jahre 1957, und zwar im Rahmen eines Vertrages vom technischen Forschungs- und Entwicklungsinstitut der Japanese Defence Agency. Sieben Jahre später, nachdem mehrere tausend Testschüsse abgefeuert worden waren, wurde die Produktion für die Japan Ground Self-Defence Force unter der offiziellen Bezeichnung Typ 64 ATM freigegeben. Die Erfahrung hat bewiesen, daß das Geschwindigkeits-Steuerungssystem der KAM-3D so wirksam ist, daß drei von vier ungeübten Bedienmannschaften das Ziel bereits mit dem ersten Schuß treffen können, nachdem sie vorher auf einem Simulator trainiert wurden. Geübte Schützen können eine Trefferrate von 95 Prozent erzielen. Ein aus zwei Mann bestehendes Bedienungs-Team, das eine Druckknopf-Steuereinheit bedient, ist die Regel beim KAM-3-Einsatz. Die Lenkwaffe kann einzeln oder von einem Mehrfach-Startgerät aus abgefeuert werden. Bei Tageseinsätzen wird die optische Verfolgung durch einen Flare erleichtert; bei Nachteinsätzen liefern die Raketenabgase einen ausreichenden optischen Referenzpunkt.

## KAM-9 (TAN-SSM) — Japan

**Panzerbekämpfungs-Lenkwaffe; in Entwicklung.**

**Hauptauftragnehmer:** Kawasaki Jukogyo Kabushiki Kaisha.
**Antrieb:** Doppelschub-Feststoff-Marschtriebwerk von Daicel. Feststoffraketen-Starttriebwerk von Nippon Oils and Fats Co.
**Lenkung und Steuerung:** Drahtlenkungssystem von Nippon Electric Co. mit optischem Ziel- und automatischem Zielsuchsystem.
**Gefechtskopf:** Panzerbrechend.
**Länge:** 1,50 m
**Rumpfdurchmesser:** 0,15 m
**Spannweite:** 0,33 m

### ENTWICKLUNG UND TRUPPENDIENST

Die KAM-9, eine Lenkwaffe, die seit 1966 in der Entwicklung ist und als KAM-3D-Version größerer Leistung und gesteigerter Reichweite gilt, kann gegen gepanzerte Land- und Seeziele eingesetzt werden. Sie unterscheidet sich von ihrer Vorgängerin in mancher Hinsicht: So wird sie beispielsweise aus einem rohrförmigen Startbehälter verschossen, in dem sie auch transportiert und gelagert wird. Im Einsatz wird der Behälter auf dem Start- und Zielverfolgungsgerät installiert, in dem der Abschußmechanismus, das optische Visier und die Lenkwaffen-Prüfeinheit untergebracht sind. Zuerst wird das Starttriebwerk für kurze Zeit gezündet, um die KAM-9 aus dem Startrohr auszuwerfen. Dann zündet in sicherem Abstand das Marschtriebwerk und beschleunigt die Lenkwaffe auf ihre Marschgeschwindigkeit. Der Operator muß nur das optische Visier auf das Ziel ausgerichtet halten. Abweichungen von der Visierlinie werden automatisch durch Sensoren festgestellt, wonach Korrektursignale von einem Computer über das Drahtlenkungssystem an die Lenkwaffe übermittelt werden. Die Vorserienfertigung der KAM-9 lief 1970 an.

## Kangaroo (AS-3) — UdSSR

**Strategische Luft-Boden-Lenkwaffe; in Truppendienst.**

**Antrieb:** Strahltriebwerk unbekannter Herkunft.
**Zelle:** Flugzeugauslegung. Gepfeilter Flügel und Leitwerk mit rhomboidförmigem Seitenleitwerk. Lufteinlauf im Bug.
**Lenkung und Steuerung:** Aerodynamische Steuerflächen.
**Länge:** 14,9 m
**max. Reichweite:** 650 km

Kangaroo unter dem Rumpf einer Tu-95.

## ENTWICKLUNG UND TRUPPENDIENST

Kangaroo ähnelt, was ihre Größe und Auslegung angeht, einem einsitzigen, einstrahligen Jagdflugzeug mit gepfeiltem Tragwerk. Sie wurde zum ersten Mal – unter dem Rumpfbombenschacht des Tupolew Tu-95-Mutterflugzeugs – anläßlich des sowjetischen Luftfahrttages 1961 auf dem Flughafen Tuschino bei Moskau im Flug vorgeführt. In der Folge wurden weitere Details bekannt, als in einem sowjetischen Film der Abtrennvorgang der Kangaroo von der Tu-95 im Flug gezeigt wurde. Insbesondere konnte man im Film die Form des Seitenleitwerks erstmals erkennen. Ferner ging aus dem Film hervor, daß der Strahltriebwerkeinlauf der Kangaroo während des Fluges von einer Verkleidung unter dem Tu-95-Rumpf abgedeckt ist. Das läßt darauf schließen, daß komprimierte Luft von einem Hilfsaggregat verwendet wird, um das Lenkwaffentriebwerk vor dem Start anzulassen. Die große Radarantenne im Bug der Tu-95 wird wahrscheinlich zur Kursberechnung ins Ziel verwendet, so daß die Kangaroo anfänglich auf dem korrekten Kompaßpeilkurs geführt werden kann.

# Kelt (AS-5) UdSSR

**Luft-Boden-Stand-Off-Lenkwaffe; in Truppendienst.**

**Antrieb:** Unbekannter Raketenmotor.
**Zelle:** Flugzeugauslegung, die grundsätzlich jener der Kennel (siehe unten) entspricht. Gepfeilte Flügel- und Seitenleitwerksflächen. Abgerundeter Bugradom. Verkleidung an der Rumpfunterseite ähnlich wie bei der Styx (siehe Seite 150).
**Lenkung und Steuerung:** Möglicherweise Zielsuchradar. Steuerung über aerodynamische Steuerflächen.

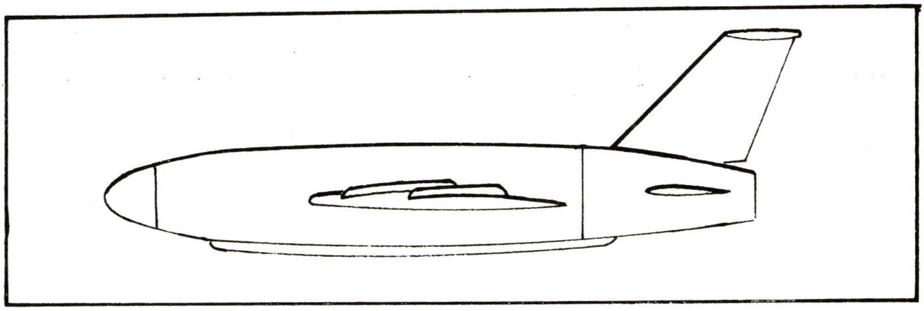

ENTWICKLUNG UND TRUPPENDIENST

Die Aufhängevorrichtung unter dem Tupolew Tu-16-Bomber scheint bei der Kelt massiver ausgebildet zu sein als bei der Kennel (siehe dort). Das läßt darauf schließen, daß die Kelt ein größeres Gewicht aufweist als ihr strahlgetriebenes Vorgängermuster. Die Kelt dürfte auch deshalb genauer als die Kennel sein, weil höchstwahrscheinlich im Bug ein größeres Radargerät untergebracht ist. Aus Veröffentlichungen geht hervor, daß die Kelt als Standardbewaffnung zur Schiffbekämpfung von den Tu-16 der sowjetischen Marinestreitkräfte mitgeführt wird, die von Stützpunkten in Ägypten aus über der Nordsee und über dem Mittelmeer operieren. Die Reichweite der Kelt wird auf mehr als 160 km geschätzt. Es steht außer Zweifel, daß die Lenkwaffe auch gegen Landziele eingesetzt werden könnte.

Kennel-Lenkwaffen unter der Tragfläche einer Tu-16 der indonesischen Luftstreitkräfte.

## Kennel (AS-1) UdSSR

**Luft-Boden-Lenkwaffe zur Bekämpfung von Schiffzielen; in Truppendienst.**

**Antrieb:** Unbekanntes Strahltriebwerk.
**Zelle:** Flugzeugauslegung. Rumpf mit zylindrischem Teil und halbkugelig ausgebildetem Radom über Kinn-Lufteinlauf. Gepfeilter Mitteldeckerflügel mit zwei Grenzschichtzäunen und gepfeiltes Leitwerk. Höhenleitwerk sitzt auf der Seitenflosse, die an ihrer Spitze einen Behälter aufweist.
**Lenkung und Steuerung:** Möglicherweise Funkfernlenkung mit Zielsuche in der Endphase des Fluges. Steuerung über aerodynamische Steuerflächen.
**Gefechtskopf:** Hochexplosiv.
**Länge:** 8,20 m
**Flügelspannweite:** 4,90 m
**max. Reichweite:** 100 km

### ENTWICKLUNG UND TRUPPENDIENST

Diese Schiffsbekämpfungs-Lenkwaffe, die eher wie eine maßstäblich verkleinerte MiG-15 aussieht, ist inzwischen, so scheint es, von der raketengetriebenen Kelt-Lenkwaffe (siehe dort) abgelöst worden, die jetzt bereits im Dienst der sowjetischen Marine steht. Die Tupolew Tu-16-Marinepatrouilleflugzeuge (NATO-Codebezeichnung Badger-B) der indonesischen und ägyptischen Luftstreitkräfte wurden jedoch komplett mit Flügelaufhängevorrichtungen zur Beförderung von zwei Kennel ausgerüstet. Ferner steht eine Boden-Boden-Version mit der NATO-Codebezeichnung Samlet im Einsatz (siehe Seite 161).

# Kipper (AS-2) UdSSR

**Luft-Boden-Stand-Off-Lenkwaffe; in Truppendienst.**

**Antrieb:** Unbekanntes Strahltriebwerkmuster.
**Zelle:** Flugzeugauslegung. Zylindrischer Rumpf mit spitz zulaufendem Bugkonus, gepfeiltem Mitteldeckerflügel und konventionellen, gepfeilten Leitwerksflächen. Triebwerk in Triebwerkgondel unter dem Rumpfheck.
**Länge:** 9,50 m
**max. Reichweite:** 213 km

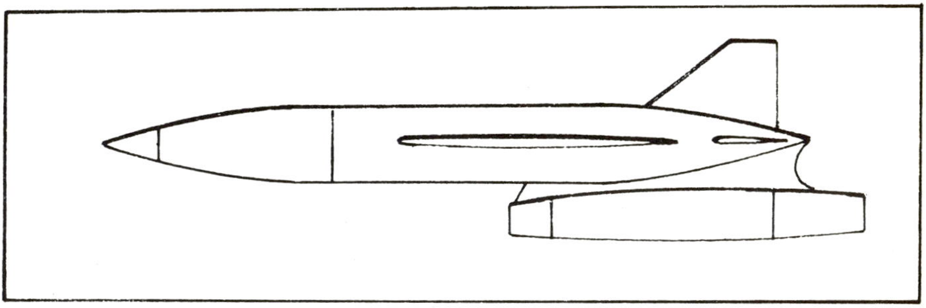

ENTWICKLUNG UND TRUPPENDIENST

Wie Kangaroo und Kitchen (siehe Seiten 91 und 96) war diese Schiffbekämpfungslenkwaffe eine der Überraschungen des sowjetischen Luftfahrttages auf dem Flughafen Tuschino bei Moskau im Jahre 1961. Man konnte sehen, daß die Kipper auslegungsmäßig der amerikanischen Hound-Dog-Lenkwaffe entsprach, aber kleiner war und eine weniger ausgefeilte aerodynamische Formgebung aufwies. Die Kipper wird von den zweistrahligen Tupolew Tu-16-Bombern der sowjetischen Marineflieger unter dem modifizierten Bombenschacht mitgeführt. Diese Version der Tu-16 führt die NATO-Codebezeichnung Badger-C. Sie unterscheidet sich von der Badger-B, auf der die auf Seite 94 beschriebene Kennel installiert ist, durch einen breiten Bugradom, in dem das Radar untergebracht ist, mit dem wahrscheinlich die Zielposition festgestellt wird, bevor die Kipper-Lenkwaffe abgeschossen wird.
Die Badger-C wurden über der Nordsee und über dem Mittelmeer im Einsatz beobachtet, wobei die über dem Mittelmeer operierenden Flugzeuge von Stützpunkten in Ägypten aufgestiegen waren. Es kann mit Sicherheit behauptet werden, daß Kipper nicht nur gegen See- sondern auch gegen Landziele eingesetzt werden kann.

## Kitchen (AS-4) UdSSR

**Strategische Luft-Boden-Lenkwaffe; in Truppendienst.**

**Zelle:** Flugzeugauslegung. Im wesentlichen zylindrischer Rumpf mit Deltaflügel geringer Spannweite und kreuzförmig angeordneten Heckflächen.
**Länge:** 11,30 m
**max. Reichweite:** 740 km

ENTWICKLUNG UND TRUPPENDIENST

Obwohl diese Waffe bereits vor mehr als 10 Jahren identifiziert wurde (auf dem sowjetischen Luftfahrttag 1961), ist nur wenig über sie bekannt. Der Sprecher nannte damals auf dem Flughafen Tuschino die Tupolew Tu-22, die die Kitchen-Lenkwaffe mitführte, als Angriffsspitze der strategischen Raketenstreitmacht der Sowjetunion. Die meisten der 22 an der Luftparade über Domodedowo im Jahre 1967 teilnehmenden Tu-22 waren ebenfalls mit dieser Lenkwaffe ausgerüstet. Es besteht jedoch Grund zu der Annahme, daß die Tu-22 den sowjetischen Anforderungen an einen strategischen Überschallbomber nicht entsprach und deshalb in einen Marineaufklärer umgeändert wurde. Es bleibt noch abzuwarten, ob die Kitchen oder eine Weiterentwicklung daraus die Bewaffnung des Tupolew-Schwenkflügelbombers mit der NATO-Bezeichnung Backfire bilden wird. Die Backfire, ein Tupolew-Entwurf, soll die Tu-22 in der sowjetischen Luftwaffe ablösen. Die Kitchen bleibt mittlerweile die fortgeschrittenste Luft-Boden-Lenkwaffe der Sowjetunion.

Boden-Luft-Lenkwaffen Bloodhound Mk.2 der Royal Air Force in der Nähe eines Strike Command-Stützpunktes in Großbritannien.

Kampfflugzeug F-8 Crusader (Waffentest-Version) mit zwei Luft-Boden-Lenkwaffen Bullpup A unter der Tragfläche und ungelenkten Zuni-Raketen an zwei Rumpfstationen.

Zwei mit thermonuklearem Gefechtskopf ausgerüstete Luft-Boden-Lenkwaffen Hound-Dog unter der Tragfläche eines B-52-Stratofortress-Bombers der Strategic Air Command der USAF.

F-104G zur Erprobung der Luft-Boden-Lenkwaffe Kormoran. Der Abschuß wird mit Kameras unter dem Rumpf gefilmt.

Anti-Radar-Version der anglo-französischen Lenkwaffenentwicklung Martel unter dem Rumpf einer Mirage III-E.

Ballistische Artillerie-Lenkwaffe Lance auf ihrer leichten mobilen Startanlage, die von Hubschraubern mitgeführt und mit Fallschirmen abgesetzt werden kann.

Roland-Doppelstartanlage mit integralem Überwachungs- und Suchradar auf einem 25-Tonnen-Schützenpanzer des deutschen Heeres.

estabschuß der Artillerie-Lenkwaffe mittlerer Reichweite Sergeant. Die Einsatzversion ann entweder mit einem Nukleargefechtskopf oder einem konventionellen hochexplo-iven Sprengkopf ausgerüstet werden.

Abschuß einer Luft-Boden-Lenkwaffe Shrike von einem Kampfflugzeug A-4 Skyhawk der US Navy. Die Shrike schaltet sich auf das Radar gegnerischer Frühwarn- und Lenkwaffenstützpunkte auf.

Drei Sparrow-Luft-Luft-Lenkwaffen unter Tragfläche und Rumpf einer F-4E Phantom II. Vorne links wird das EROS-Kollisionswarnsystem mitgeführt.

iese dramatische Aufnahme, die von einem kreisenden Flugzeug aus gemacht wurde, eigt den Abschuß zweier Abwehrlenkwaffen Spartan vom Kwajalein-Atoll im Pazifik, e einen Gefechtskopf einer Interkontinentalrakete abfangen sollen.

Der fortgeschrittene Kampfhubschrauber Bell KingCobra mit je einer Vierfach-Abschuß-anlage der TOW-Lenkwaffe unter den beiden Flügelstummeln.

Kormoran an einer F-104G.

## Kormoran — Bundesrepublik Deutschland

**Luft-Boden-Lenkwaffe zur Bekämpfung von Schiffzielen; in Entwicklung.**

**Hauptauftragnehmer:** Messerschmitt-Bölkow-Blohm GmbH.
**Antrieb:** Feststoffraketenmotor mit Start- und Marschstufe.
**Zelle:** Zylindrischer Rumpf mit spitz zulaufendem Bugkonus. Kreuzförmig angeordnete, gepfeilte Flächen, fluchtend mit ebenfalls kreuzförmig angeordneten Hecksteuerflächen.
**Lenkung und Steuerung:** Trägheitslenksystem mit aktiver oder passiver Zielsuche in der Endphase über einen RE576-Zielsuch-Radarkopf von CSF. Steuerung über Hecksteuerflächen.
**Gefechtskopf:** Hochexplosiv.
**Länge:** 4,40 m
**Spannweite:** 1,00 m
**Rumpfdurchmesser:** 0,342 m
**Startgewicht:** 580 kg
**Höchstgeschwindigkeit:** Mach 0,95
**max. Reichweite:** 37 km

### ENTWICKLUNG UND TRUPPENDIENST

Die Kormoran, das größte Nachkriegs-Lenkwaffenprojekt, das in der Bundesrepublik realisiert wird, soll die Lockheed F-104G Starfighter der Bundesmarine ausrüsten. Die Arbeiten an der Kormoran wurden 1964 aufgenommen — zuerst als Kooperationsprogramm von MBB und Nord-Aviation in Frankreich, wo die Lenkwaffe die Bezeichnung AS.34 führte. Später zog sich Nord aus dem Programm zurück und MBB führte die Entwicklung und Erprobung der Kormoran fortan in eigener

Regie weiter. Der erste Abschuß von einer F-104G wurde am 19. März 1970 erfolgreich durchgeführt. Mit gleichem Erfolg begann die Erprobung der voll ausgerüsteten, aber nicht scharfen Lenkwaffe gegen Ziele, die eine Entfernung von vielen Kilometern vom Startflugzeug aufwiesen. Normalerweise wird die Kormoran in niedrigen Höhen zum Abschuß gebracht und fliegt dann das Ziel in einer Höhe an, die eine Erfassung durch das gegnerische Radar verhindert. In einer vorbestimmten Entfernung vom Ziel geht die Lenkwaffe in den Steigflug über, um es dem Zielsuchradar zu ermöglichen, das Ziel auszumachen und sich darauf aufzuschalten.

## Lance/Extended Range Lance (XMGM-52B/XRL) USA

**Boden-Boden-Artillerie-Lenkwaffe; in Serienbau.**

**Hauptauftragnehmer:** LTV Aerospace Corporation.
**Antrieb:** Lagerfähiger Doppelschub-Flüssigtreibstoff-Raketenmotor (UDMH und IRFNA). Verbesserter Flüssigtreibstoffmotor in der Lance größerer Reichweite.
**Zelle:** Zylindrischer Rumpf mit kleinen, kreuzförmig angeordneten Heckflossen und spitz zulaufendem Bugkonus.
**Lenkung und Steuerung:** Einfaches Trägheitslenksystem, das vom US Army Missile Command entwickelt wurde.
**Gefechtskopf:** Entweder nuklear oder hochexplosiv.
**Länge:** 6,10 m
**Rumpfdurchmesser:** 0,56 m
**Startgewicht:** 1293 kg
**Reichweitengrenzen:** 4,8 bis 48 km

### ENTWICKLUNG UND TRUPPENDIENST

Die Lance, die ursprünglich als Missile B bekannt war, stand seit 1962 als Nachfolgemuster der Sergeant und Honest John (siehe Seite 190 bzw. Seite 80)der US Army in Entwicklung. Die Lance ist eine Lenkwaffe zur Divisionsunterstützung, die normalerweise auf einem kettengetriebenen Aufricht- und Startfahrzeug des Typs XM-667 transportiert wird, das von der FMC Corporation gebaut wird. Ein weiteres Fahrzeug des gleichen Typs kann zwei Ersatzlenkwaffen und eine Ladewinde mitführen. Außerdem kann die Lance von einem leichten Radfahrzeug aus gestartet werden, das von Orenda in Kanada produziert wird, von einem Hubschrauber mitgeführt und aus der Luft mit einem Fallschirm abgesetzt werden kann.
Die Schießversuche mit der Lance begannen im März 1965. Darauf folgten 1969 erfolgreich durchge-

führte Klima-Schießversuche in Alaska. Die Produktion wurde etwas verzögert, um die Vorteile verbesserter Leistung zu nützen, die die etwas größere Version »Extended Range Lance« (Lance größerer Reichweite) bietet.

Diese Extended Range Lance (Abkürzung XRL) ist heute die Standardversion. Sie verwendet das gleiche Lenksystem und die gleiche Bodenausrüstung wie frühere Lance-Modelle, soll jedoch mindestens 80 Prozent mehr Reichweite haben als diese. Der Rocketdyne-Raketenmotor ist durch die Tatsache interessant, daß er aus zwei konzentrisch angeordneten Raketenstufen besteht. Die äußere, leistungsstärkere Stufe dient nur als Starttriebwerk, während die innere, schubschwächere Stufe zwar gleichzeitig feuert, später aber als Marschtriebwerk arbeitet, wenn das Starttriebwerk ausgebrannt ist.

Die Lance-Serienfertigung startete im Rahmen eines US Army-Vertrages, der im Januar 1971 abgeschlossen wurde. Drei Monate später wurde bereits das erste komplette Lance-Waffensystem für Evaluationszwecke zur Auslieferung gebracht.

## Mace (CGM-13) USA

**Boden-Boden-Lenkwaffe; in Truppendienst.**

**Daten** beziehen sich auf die CGM-13C.
**Hauptauftragnehmer:** Martin Marietta Corporation.
**Antrieb:** Allison J33-A-41-Strahltriebwerk mit einer Schubleistung von 2360 kp. Abwerfbares Feststoff-Starttriebwerk von Thiokol mit einer Schubleistung von 45 360 kp.
**Zelle:** Im wesentlichen zylindrischer Rumpf, der sich an Bug und Heck verjüngt und einen abgerundeten Bug aufweist. Gepfeilte Flügel und T-Leitwerk. Triebwerkeinlauf und aufgebeulte Verkleidung an Rumpfunterseite.
**Lenkung und Steuerung:** Trägheitslenksystem AC Spark Plug AChiever. Aerodynamische Steuerflächen.
**Gefechtskopf:** Nuklear
**Länge:** 13,40 m
**Rumpfdurchmesser:** 1,37 m
**Spannweite:** 6,98 m
**Startgewicht:** 8165 kg
**Höchstgeschwindigkeit:** 1045 km/h
**max. Reichweite:** 1930 km

### ENTWICKLUNG UND TRUPPENDIENST

Obwohl die US-Streitkräfte im Ersten Weltkrieg Versuche mit unbemannten »fliegenden Bomben« anstellten, besaßen sie im Zweiten Weltkrieg nichts, was sich mit der deutschen V-1 vergleichen ließ. Beeindruckt von der Schlagkraft der gegnerischen V-Waffen nahm man in den USA 1944 die Lenkwaffenentwicklung wieder auf. Die USAAF beschloß, sich vorerst auf Unterschall-»Flugbomben« zu konzentrieren, in der Annahme,

daß ihre Erfahrung im Betrieb von Flügelflugzeugen bessere Ergebnisse garantieren würde, als man sie mit den relativ ungenauen Raketen des V-2-Typs erzielen könnte. Als erster Produkt dieser Politik wurde die TM-61 Matador entwickelt, die 1951 in Dienst gestellt wurde und auch die erste unbemannte Fernlenkwaffe der USA war, die im Ausland zum Einsatz gelangte: Zwei USAF-Staffeln wurden 1954 in der Bundesrepublik aufgestellt.

Weil die Funknavigationslenkung der Matador gegen gegnerische Störversuche anfällig war, entwickelte Martin aus der Matador zwei verbesserte Lenkwaffen weiter, die MGM-13B (frühere Bezeichnung TM-61B und TM-76A) Mace und die CGM-13C (früher TM-76B) Mace. Diese beiden Lenkwaffenmuster waren mit einem von Außensystemen unabhängigen, gegen Störversuche unempfindlichen Lenksystem ausgerüstet. Letztere war noch bis 1971 im Dienst – bei zwei mit je 16 Lenkwaffen ausgerüsteten Staffeln der Pacific Air Forces (PACAF) auf Okinawa und bei einer USAAF-Staffel in der Bundesrepublik. In beiden Fällen waren die Lenkwaffen in »harten« unterirdischen Silos untergebracht.

## Malafon — Frankreich

**Boden-Boden- oder Boden-Unterwasser-Lenkwaffe; in Serienbau und Truppendienst.**
**Hauptauftragnehmer:** Société Industrielle d'Aviation Latécoère.
**Antrieb:** Im Marschflug antriebslos. Start durch zwei abwerfbare Feststoff-Starttriebwerke, die eine Brenndauer von drei Sekunden haben.
**Zelle:** Flugzeugauslegung. Zylindrischer Rumpf mit sich verjüngendem Heckkonus und Torpedo-Aufnahmevorrichtung im Bug. Kurze schwenkbare Flügel. Hoch angesetztes Höhenleitwerk mit Endscheiben-Flossen. Verfolgungs-Flares an Flügelspitzen.
**Lenkung und Steuerung:** Kommandolenkung über Schiffsonar. Ebenflügelsteuerung über Schwenkflügel.
**Gefechtskopf:** Akustisches Zielsuchtorpedo von 0,53 m Durchmesser und eines Gewichts von 525 kg. Trägheitsauswurf des Torpedos bei Ausstoß eines Heckfallschirms in einer Entfernung von einer halben Meile von der Zielposition.
**Länge:** 6,00 m
**Flügelspannweite:** 3,00 m
**Startgewicht:** 1300 kg
**max. Reichweite:** 18 km
**Höchstgeschwindigkeit (bei Starttriebwerk-Brennschluß):** 830 km/h

Malafon Mk.2 an Bord des französischen Zerstörers Vauquelin.

## ENTWICKLUNG UND TRUPPENDIENST

Die Entwicklungsarbeiten an dieser U-Boot-Bekämpfungswaffe begannen 1956. Erste Schießversuche vom Boden und von Flugzeugen aus zeigten das Problem auf, eine korrekte Marschflughöhe nach Brennschluß des Starttriebwerks zu halten. Diese Schwierigkeiten überwand man durch Verwendung eines Funkhöhenmessers, der die konstante Höhe von ca. 100 m messen und, wenn die Geschwindigkeit der Lenkwaffe abfiel, durch Verändern des Flügelanstellwinkels und damit Erhöhung des Auftriebs die Höhe halten sollte. Start- und Lenkversuche auf See wurden – vom U-Boot-Kampfschiff La Galisonnière aus – im Juni 1962 durchgeführt. Das Einsatz-Sonar-System und das Artillerieradar wurden in zwei Jahren auf diesem Schiff installiert, und im ersten Halbjahr 1965 ging man an die Einsatztests der Serienmuster Lat-233 Malafon Mk 2. In der Folge wurden auf den Fregatten Suffren und Duquesne die Startanlagen montiert. Jedes der beiden Schiffe hat ein Einzelstartgerät und je 13 Lenkwaffen an Bord. Später wurden auch die fünf Zerstörer der Surcouf-Klasse und die Fregatte Aconit mit Malafon ausgerüstet. Die Malafon soll auch die Bewaffnung der drei neuen Fregatten der französischen Marine vom Typ 67 bilden.

# Martel (AS.37/AJ.168) Frankreich/Großbritannien

**Luft-Boden-Lenkwaffe; in Serienbau.**

**Hauptauftragnehmer:** SA Engins Matra (Frankreich) und Hawker Siddeley Dynamics Ltd. (Großbritannien).
**Antrieb:** Feststoff-Raketenmotoren von Hotchkiss-Brandt und Aérospatiale.
**Zelle:** Zylindrischer Rumpf mit gepfeilten, kreuzförmig angeordneten Flächen, fluchtend mit ebenfalls kreuzförmig angeordneten Hecksteuerflächen. Die Version AJ.168 hat einen halbkugelig verglasten Bug, während die AS.37 einen spitz zulaufenden Bug besitzt.
**Lenkung und Steuerung:** Die AS.37 führt automatische Zielsuche nach gegnerischer Radarstrahlung durch. Die AJ.168 dagegen folgt anfänglich einem vorprogrammierten Kurs. Der Aufschlag im Ziel wird vom Waffen-Operator gelenkt, der ein visuelles Bild des Zielgebiets über eine Fernsehkamera im Lenkwaffenbug auf einem Monitor erhält. Durch Bewegung eines Steuerhebels oder einer ähnlichen Vorrichtung im Cockpit des Trägerflugzeugs richtet der Operator die Fernsehkamera auf das Ziel aus.
Das Lenkwaffen-Steuerungssystem bewirkt dann, daß sich die Längsachse der Martel auf die Kamera-Achse ausrichtet. Steuerung über Hecksteuerflächen.
**Gefechtskopf:** Hochexplosiv.
**Länge:** AS.37 4,00 m, AJ.168 3,65 m
**Spannweite:** 1,12 m
**Rumpfdurchmesser:** 0,38 m
**Gewicht und Leistungen:** Geheim.

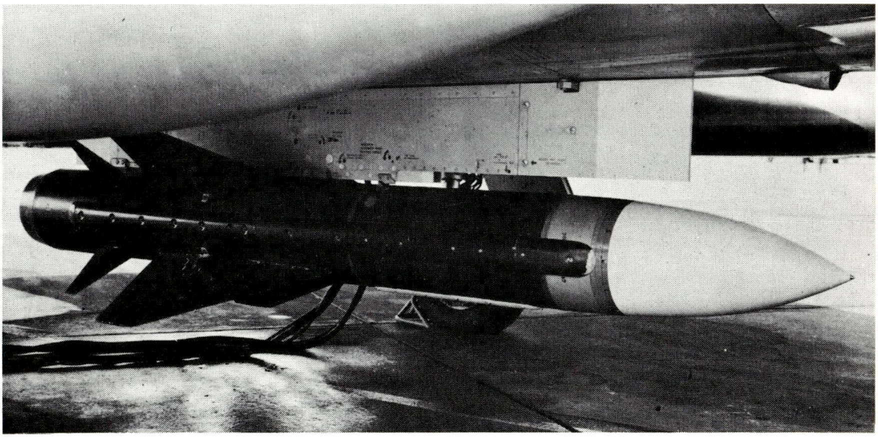

AS.37 Martel.

## ENTWICKLUNG UND TRUPPENDIENST

Diese sehr wichtige taktische Lenkwaffe wird in zwei Versionen für die Royal Air Force und für die französischen Streitkräfte entwikkelt. Die AJ.168, die von den Buccaneer der RAF mitgeführt werden soll, ist eine ferngelenkte Waffe für Stand-Off-Angriffe gegen Bodenziele und soll eine Reichweite »von einigen Dutzend Meilen« aufweisen. Die französische Version AS.37 ist eine Allwetterwaffe, zu deren Spezialaufgaben die Zerstö-

AJ.168 Martel.

rung von Feindradars gehört, auf die sie sich automatisch nach dem Start in sehr niedrigen, mittleren oder großen Höhen aufschaltet. Ansonsten sind beide Versionen identisch und können insbesondere völlig ungestört von gegnerischem ECM operieren (ECM = Electronic Countermeasures = elektronische Gegenmaßnahmen). Die AS.37 wird die Bewaffnung der Mirage IIIE, der Jaguar und der Atlantic der französischen Luft- bzw. Marinestreitkräfte bilden.

## Masurca Mk 2 — Frankreich

**Schiffstationierte Boden-Luft-Lenkwaffe; in Truppendienst.**

**Hauptauftragnehmer:** Direction Technique des Constructions Navales.
**Antrieb:** Zweistufige Feststoff-Raketenmotoren in Tandembauweise, die von der Direction des Poudres geliefert werden. Das Starttriebwerk Polka entwickelt eine Schubleistung von 34 000 kp. Die Zweitstufe in der Mod 2-Lenkwaffe entwickelt 2080 kp und in Mod 32 170 kp Schub.
**Zelle:** Zweistufen-Lenkwaffe in Tandembauweise. Zylindrischer Lenkwaffenrumpf mit spitz zulaufendem Bug. Kreuzförmig angeordnete, langgestreckte Flächen konstanter, geringer Spannweite, die mit den ebenfalls kreuzförmig angeordneten drehbar gelagerten Hecksteuerflossen fluchten. Zylindrisches abwerfbares Starttriebwerk größeren Durchmessers als die Lenkwaffe, mit kreuzförmig angeordneten Heckflossen, die mit den Heckflossen der Lenkwaffe fluchten.
**Lenkung und Steuerung:** Die Mod 2-Version hat Leitstrahllenkung, während die Variante Mod 3 ein halbaktives Zielsuchradar besitzt. Hersteller in beiden Fällen ist CFTH/CSF. Steuerung über Heckflächen.
**Gefechtskopf:** Hochexplosiv.
Gewicht 48 kg mit Annäherungszünder.
**Länge:** mit Starttriebwerk 8,60 m,
ohne Starttriebwerk 5,29 m
**Rumpfdurchmesser:** 0,406 m
**Startgewicht (Mod 3):** 2080 kg
**max. Reichweite (Mod 3):** 50 km

ENTWICKLUNG UND TRUPPENDIENST

Diese Flugzeugabwehr-Lenkwaffe, die vom Marinearsenal in Ruelle entwickelt und produziert wird, wird auf einem Doppel-Startgerät an Bord der französischen Fregatten Suffren und Duquesne mitgeführt. Haupteinsatzzweck dieser beiden Schiffe ist die Eskortierung der Flugzeugträger Foch und Clémenceau. Eine ähnliche Startanlage wird zur Zeit auf dem Kreuzer Colbert im Rahmen umfangreicher Modernisierungsvorhaben installiert. Zwei Masurca-Lenkwaffen können innerhalb weniger Sekunden gegen verschiedene Ziele abgeschossen werden. Jede der beiden Fregatten hat insgesamt 48 Masurca-Lenkwaffen an Bord.

## Maverick (AGM-65A) USA

**Taktische Luft-Boden-Lenkwaffe; in Truppendienst.**

**Hauptauftragnehmer:** Hughes Aircraft Company.
**Antrieb:** Thiokol TX-481-Feststoff-Raketenmotor.
**Zelle:** Zylindrischer Rumpf mit abgerundetem, verglastem Bug. Deltaflächen großer Profiltiefe, die mit den kreuzförmig angeordnetnen Hecksteuerflächen fluchten, die unmittelbar hinter den Deltaflächen sitzen.
**Lenkung und Steuerung:** Selbsttätiges Fernseh-Zielsuch-Lenksystem. Steuerung über Heckflossen.
**Gefechtskopf:** Hochexplosiv.
**Länge:** 2,46 m
**Rumpfdurchmesser:** 0,30 m
**Spannweite:** 0,71 m
**Startgewicht:** unter 227 kg
**Leistungen:** Geheim

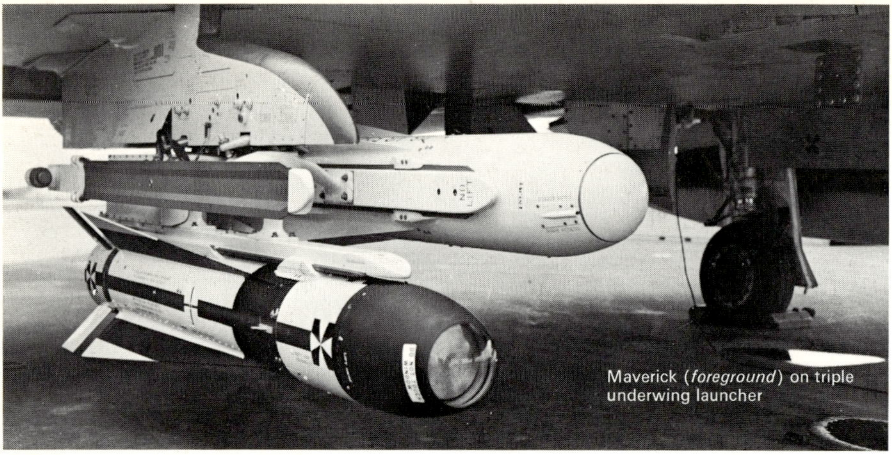


Maverick (vorne) an einer Dreifach-Unterflügelstation.

## ENTWICKLUNG UND TRUPPENDIENST

Die Entwicklungsarbeiten an der Maverick begannen im Rahmen eines Auftrags der USAF Aeronautical Systems Division im Juli 1968. Vertragsziel war die Schaffung einer taktischen Luft-Boden-Lenkwaffe für Flugzeuge der F-4 Phantom II- und A-7 Corsair II-Klasse. Der nur 18 Monate nach Aufnahme der Entwicklung durchgeführte erste gelenkte Testflug auf dem Holloman-Schießgelände erbrachte sogleich einen Treffer auf den als Ziel verwendeten Panzer. Ende 1971 wurde Hughes ein 69,9 Mio.-Erstauftrag erteilt; die Auslieferung der ersten Maverick wurde auf Ende 72 festgelegt. Im Einsatz wird die im Bug der Maverick installierte Fernsehkamera vom Piloten des Trägerflugzeugs mittels eines Monitorschirms im Cockpit auf das Ziel ausgerichtet. Nach dem Start bleibt das Fernsehauge der Lenkwaffe auf das Ziel aufgeschaltet und lenkt sie automatisch zu jenem exakten Punkt, auf den es ausgerichtet ist. In der Zwischenzeit hat der Pilot genügend Zeit zur Wahl und zum Angriff von anderen Zielen oder zum Abdrehen aus dem Zielgebiet. Maverick, die kleinste der fernsehgeführten US-Lenkwaffen, soll gegen Punktziele wie Panzer und Fahrzeugkolonnen, befestigte Stellungen, Radarstationen und Gebäude eingesetzt werden. Bisher wurden Schießversuche auf Entfernungen von einigen tausend Fuß bis hin zu mehreren Meilen und sowohl in großen Höhen als auch in Baumwipfelhöhen durchgeführt. Die Maverick-Lenkwaffen sollen normalerweise an zwei Dreifach-Aufhängestationen des Trägerflugzeuges mitgeführt werden.

# MD-660 Israel

**Boden-Boden-Lenkwaffenbombe.**

**Hauptauftragnehmer:** Israel Aircraft Industries.
**Antrieb:** Feststoff-Raketenmotoren.
**Zelle:** Zweistufige Rakete.
**Gefechtskopf:** Nuklear oder hochexplosiv.
**Zelle, Abmessungen und Gewichte:** Geheim.
**max. Reichweite:** 450 km

## ENTWICKLUNG UND TRUPPENDIENST

Angesichts der delikaten Situation im Mittleren Osten überrascht es nicht, daß offiziell aus israelischen Quellen nichts verlautet, was Berichte über die Existenz dieser mobilen rampengestarteten Waffe bestätigen würde. Die Verfügbarkeit einer Rakete, die in der Lage ist, bedeutende Ziele in der gesamten arabischen Welt von israelischem Territorium zu treffen, wäre ohne Zweifel ein gewichtiger Abschreckungsfaktor gegen zukünftige Friedensverletzungen. Das Einsatzpotential der MD-660 könnte noch ganz erheblich größer sein, wenn man die Tatsache in Rechnung stellt, daß Israel die Möglichkeit zur Herstellung nuklearer Gefechtsköpfe hat – im Reaktorzentrum Dimona in der Nähe des Toten Meeres.
Die Bezeichnung MD-660 deutet darauf hin, daß die Erstentwicklung dieses Lenkwaffensystems von der französischen Firma Avions Marcel Dassault im Auftrag der israelischen Regierung durchgeführt wurde. In diesem Zusammenhang müssen auch Gerüchte über eine Dassault-Boden-Boden-Lenkwaffe der Bezeichnung Jericho gesehen werden, die vor einigen Jahren kursierten. Es ist bekannt, daß Schießversuche mit einer derartigen Lenkwaffe im Frühjahr 1968 auf dem Mittelmeer bei Toulon durchgeführt wurden.

# MILAN Frankreich/Bundesrepublik Deutschland

**Infanterie-Panzerbekämpfungs-Lenkwaffe; in Serienbau.**

**Hauptauftragnehmer:** Aérospatiale, Division Engins Tactiques/Messerschmitt-Bölkow-Blohm GmbH.
**Antrieb:** Doppelschub-Feststoff-Raketenmotor.
**Zelle:** Im wesentlichen zylindrischer Rumpf mit Bug- und Hecksektion größeren Durchmessers als der Mittelteil. Vier ausfahrbare Heckflossen.
**Lenkung und Steuerung:** Drahtlenkung in Verbindung mit einem optischen Ziel- und einem Infrarot-Verfolgungssystem. Drallstabilisierung durch Heckflossen. Steuerung durch Strahlablenkung.
**Gefechtskopf:** Hohlladung.
**Länge:** 0,75 m
**Rumpfdurchmesser:** 0,116 m
**Flossenspannweite:** 0,27 m
**Startgewicht:** 6,30 kg
**Höchstgeschwindigkeit:** 640 km/h
**Reichweitengrenzen:** 25 bis 2000 m

## ENTWICKLUNG UND TRUPPENDIENST

Die MILAN (Missile d'Infanterie Léger ANtichar – leichte Infanterie-Panzerbekämpfungs-Lenkwaffe) ist eines der drei modernen Gefechtsfeld-Waffensysteme, die gemeinsam von MBB und Aérospatiale entwickelt werden (die anderen beiden sind HOT und Roland). Typisch für die MILAN ist die Tatsache, daß sie aus ihrem Transportbehälter, der einfach auf einem leichten Start- und Lenkgerät montiert wird, verschossen wird. Zur Lenkeinheit gehören der Feuermechanismus, ein optisches Visier mit vierfacher Vergrößerung, ein Infrarot-Goniometer und die

Lenkelektronik. Die Lenkeinheit wiegt 16 kg, verglichen mit 11 kg, die die Lenkwaffe und der Container wiegen. Ein Mann kann das gesamte Waffensystem tragen. Ein zweiter Mann trägt dann zwei Reservelenkwaffen. Verglichen mit den Lenkwaffen, die es ablösen soll, ist das MILAN-System ein Hochgeschwindigkeits-Waffensystem, das die Möglichkeit gegnerischen Widerstandes drastisch reduziert. Die Anfangsbeschleunigung der MILAN liegt bei 750 g – die drahtgelenkten Waffen der ersten Generation wiesen noch eine Beschleunigung von nur 15 g auf. Die Lenkung der MILAN entspricht jener von Roland (siehe Seite 155). Über kurze Entfernungen kann die MILAN auch als Gewehrgranate verwendet werden. Von Firmenseite betont man ihre Schlagkraft als Boden-Luft-Waffe, als die sie – für den Schutz von Bodenzielen gegen Angriffe von Hubschraubern und niedrig fliegenden Flugzeugen von vorn – ausgezeichnet geeignet sein soll. Die Entwicklungstests des Grundwaffensystems waren 1971 abgeschlossen.

## Minuteman (LGM-30) USA

**Ballistische Interkontinentallenkwaffe; in Serienbau und Truppendienst.**

**Daten** beziehen sich auf LGM-30G Minuteman III.
**Hauptauftragnehmer:** The Boeing Company.
**Antrieb:** Erststufe Thiokol M55-E-Feststoff-Raketenmotor. Zweit- und Drittstufe Feststoff-Raketenmotoren von Aerojet-General.
**Zelle:** Dreistufiger zylindrischer Lenkwaffenkörper. Die beiden oberen Stufen haben geringeren Durchmesser als die Erststufe. Spitz zulaufende Bugverkleidung über dem Gefechtskopf. Keine Flossen oder Flächen.
**Lenkung und Steuerung:** Trägheitslenksystem der Autonetics Division von North American Rockwell. Steuerung der ersten Stufe über vier Schwenkdüsen.
**Gefechtskopf:** Thermonuklear; einzeln ins Ziel steuerbare Wiedereintrittskörper (MIRV-Multiple Individually-targetable Re-entry Vehicle).
**Länge:** 18,20 m
**max. Rumpfdurchmesser:** 1,83 m
**Startgewicht:** 34 475 kg
**Höchstgeschwindigkeit:** 24 000 km/h
**max. Reichweite:** 13 000 km

### ENTWICKLUNG UND TRUPPENDIENST

Die Minuteman wurde als Interkontinentallenkwaffe der zweiten Generation konzipiert und soll die mit Flüssigantrieb ausgerüsteten Atlas und Titan ablösen. Die Feststoffraketenmotoren der Minuteman können in voller Einsatzbereitschaft in unterirdischen Startsilos gelagert werden. Obwohl die Minuteman viel kleiner und leichter ist als die Waffen der ersten

Abschuß einer Minuteman III

Generation, liegt sie reichweitenmäßig ähnlich wie diese. Der Gefechtskopf ist kleiner, doch die Verwendung von Mehrfachgefechtsköpfen auf der Minuteman III erhöht die Durchdringungsmöglichkeit der gegnerischen Abwehr enorm.

Drei Minuteman-Versionen sind zur Zeit im Einsatz. Der Wing II auf der Ellsworth AFB in South Dakota und der Wing V auf der Warren AFB in Wyoming haben insgesamt 350 LGM-30B Minuteman I im Dienst. Die Länge der Minuteman I beträgt 16,99 m, sie wiegt 29 500 kg und erzielt eine Reichweite von 10 130 km. Die einzelnen Stufen nehmen zum Raketenbug im Durchmesser ab; der Zylindrische Gefechtskopf einer Sprengladung von mehr als einer Megatonne hat noch geringeren Durchmesser und ist in einem Wiedereintrittskörper des Typs Avco Mk.11 untergebracht. Die Wings I (Malmstrom AFB, Montana), III (Minot AFB, North Dakota), IV (Whiteman AFB, Missouri) und VI (Grand Forks, Utah) haben LGM-30F Minuteman II ähnlicher Auslegung wie die LGM-30B, jedoch größerer Länge (18,20 m), eines Gewichts von 31 750 kg und einer Reichweite von 11 265 km. Diese Minuteman II weist einen Gefechtskopf von über zwei Megatonnen Sprengkraft auf, der in einem General Electric Mk.12-Wiedereintrittskörper installiert ist. Die erste Minuteman III-Einheit wurde im Dezember 1970 auf Minot AFB aufgestellt. Die volle Minuteman III-Streitmacht wird wahrscheinlich aus 490 LGM-30F und aus 510 LGM-30G bestehen. Die 200 Startsilos des Wing I sind über eine Fläche von 46 600 km² verteilt. Jeder Silo ist 24,4 m tief. Zwei Offiziere des Strategic Air Command lenken von einem unterirdischen Startzentrum aus die Flugbahn von 10 Lenkwaffen. Ferner können die Minuteman-Lenkwaffen vom fliegenden Kommandostand an Bord der KC-135 gesteuert werden.

Minuteman III

**Leichte Panzerbekämpfungs-Lenkwaffe; in Truppendienst.**

**Hauptauftragnehmer:** Contraves Italiana SpA.
**Antrieb:** Zweistufiger Feststoff-Raketenmotor.
**Zelle:** Zylindrischer GFK-Rumpf mit spitzem Bugkonus. Kreuzförmig angeordnete, faltbare Flächen in Sandwich-Bauweise mit je einem Vibrationsspoiler an der Hinterkante.
**Gefechtskopf:** Hohlladung (Gewicht 4 kg. Durchschlagfähigkeit von 660 mm Panzerung) oder Splittergefechtskopf.
**Länge:** 1,11 m
**Rumpfdurchmesser:** 0,12 m
**Spannweite:** 0,60 m
**Startgewicht:** 14,1 kg
**Marschgeschwindigkeit:** 330 km/h
**Reichweitengrenzen:** 360 bis 2375 m.
**Lenkung und Steuerung:** Drahtlenkung mit Rollstabilisierung über Kreiselgerät. Steuerung über Vibrationsspoiler an den Flächen.

## ENTWICKLUNG UND TRUPPENDIENST

Diese einfache Einmann-Infanterie-Panzerbekämpfungswaffe wurde von dem Schweizer Unternehmen Contraves-Oerlikon entwikkelt, aber bis 1971 von Contraves Italiana produziert. Sie bildet die Standardausrüstung der Armeen der Schweiz und Italiens, die auch für Trainingszwecke eine statt mit

dem Gefechtskopf mit einem Fallschirm-Bergesystem ausgerüstete Mosquito verwenden. Sechs Mosquito können in ihren Startbehältern feuerbereit von dem leichten geländegängigen Puch Haflinger mitgeführt werden. Die Mosquito wurde auch mit Erfolg von Hubschraubern des Typs Agusta-Bell 47 zum Abschuß gebracht. Im konventionellen Infanterieeinsatz wird die Mosquito über eine kleine Steuereinheit abgefeuert und gesteuert, zu der ein Bedienhebel und ein optisches Visier gehören. Die Lenkwaffe ist mit abgenommenem Gefechtskopf im Startbehälter untergebracht. Das Gewicht des Startbehälters mit Lenkwaffe beträgt 22 kg.

## MSBS

## Frankreich

**U-Boot-gestartete ballistische Mittelstrecken-Lenkwaffe; in Serienbau und Truppendienst.**

**Hauptauftragnehmer:** Aérospatiale, Division des Systèmes Ballistiques et Spatiaux.
**Antrieb:** Erststufe PNSF P.10 (Type 904)-Feststoff-Raketenmotor. Zweitstufe PNSM P.4 (Rita)-Feststoff-Raketenmotor.
**Zelle:** Zweistufen-Lenkwaffe. Zylindrischer Rumpf konstanten Durchmessers mit abgerundetem Bugkonus. Verkleidung der Erststufe aus Vascajet 1000. Verkleidung der Zweitstufe aus GFK. Keine Flossen und Flächen.
**Lenkung und Steuerung:** Trägheitslenksystem. Steuerung der Erststufe über vier Schwenkdüsen, der Zweitstufe durch Schubvektoränderung einer festen Düse.
**Gefechtskopf:** Nuklear (Sprengkraft ca. 500 Kilotonnen).
**Länge:** 10,40 m
**max. Rumpfdurchmesser:** 1,50 m
**Startgewicht:** 18 000 kg
**Leistungen:** Geheim.

### ENTWICKLUNG UND TRUPPENDIENST

MSBS (Mer-Sol Balistique Strategique – Strategische ballistische See-Boden-Lenkwaffe) ist bereits auf dem U-Boot Redoutable der französischen Marine im Einsatz und wird auch 1973 bis 1975 auf der Terrible und Foudroyant in Dienst gestellt. Der Beginn des Baues eines vierten Bootes, der l'Indomptable, wird für 1976 erwartet, ein fünftes soll später folgen. Jedes U-Boot befördert 16 Lenkwaffen ähnlich wie in den U-Booten der amerikanischen Polaris-Klasse und verfügt über Nuklearantrieb. Innerhalb von 15 Minuten kann eine volle Salve von 16 Lenkwaffen abgefeuert werden.
Erste Schießversuche wurden von dem Experimental-U-Boot Gymnote aus unter Verwendung von M-112-Versuchslenkwaffen durchgeführt, die mit echten ersten, aber Attrappen-Zweitstufen ausgerüstet waren. Als nächster

Schritt wurden M-012-Versuchswaffen verschossen, die zwei Echtstufen, aber ein Attrappen-Wiedereintrittssystem aufwiesen. Auf diese folgten die M-013 MSBS-Prototypen, die auf der Gymnote zum Einsatz kamen, bevor das komplette Serienwaffensystem für den Dienst auf der Redoutable freigegeben wurde. Ebenso wie die amerikanische Polaris/Poseidon-Baureihe wird die MSBS mit einer separaten Sprengladung aus ihrem Startbehälter an Bord des U-Bootes ausgeworfen, so daß der Raketenmotor der ersten Stufe unmittelbar nach dem Auftauchen aus dem Wasser zünden kann. Nuklearversuche, die im Pazifik durchgeführt worden waren, hatten es den Franzosen bis 1970 ermöglicht, ihre thermonuklearen Sprengladungen von 2,6 Megatonnen auf nur eine Megatonne zu reduzieren. Es steht zu erwarten, daß die MSBS nach entsprechender Weiterentwicklung bis 1975 auf thermonukleare Gefechtsköpfe umgerüstet sein werden.

## Murène

## Frankreich

**Schiffgestütztes Boden-Luft-Waffensystem geringer Reichweite; in Entwicklung.**

**Hauptauftragnehmer:** Thomson-CSF.

ENTWICKLUNG UND TRUPPENDIENST

Das Allwetter-Boden-Luft-Waffensystem Crotale von Matra (siehe Seite 43) ist so vielversprechend, daß man sich bei Thomson-CSF zur Entwicklung einer schiffgestützten Version der Crotale entschloß. Die Arbeiten werden mit Eigenmitteln durchgeführt. Das Ergebnis dieser Entwicklungstätigkeit ist das Murène-System, zu dem ein oder mehrere Startgeräte, das Luft- und See-Überwachungsradar Triton mit einer Reichweite von 37 km, ein Impuls-Dopplerradar, das ebenfalls zur Luftüberwachung und zur Freund-Feind-Kennung auf eine Entfernung von 18 km herangezogen wird, das stabilisierte Feuerleitradar Pollux mit einer Reichweitenleistung von 16 km, ein Digitalrechner für die automatische Bahnverfolgung und eine Darstellungskonsole gehören. Die Wirksamkeit des Murène-Systems kann verbessert werden, wenn es in Verbindung mit einem Mureca-Waffensystem eingesetzt wird, das zusätzlich noch ein Catull-Startgerät mit 48 Lenkwaffen beinhaltet.

## Nike Ajax (MIM-3)

## USA

**Boden-Luft-Lenkwaffe; in Truppendienst.**
**Hauptauftragnehmer:** Western Electric Company Inc.
**Antrieb:** Flüssigtreibstoff-Marschtriebwerk in Tandem-Bauweise von Aerojet-General (Schubleistung 1180 kp) und ein abwerfbares Feststoff-Starttriebwerk von Hercules Inc., das $2^1/_2$ Sekunden lang einen Schub von 26 760 kp liefert.
**Zelle:** Zweistufen-Auslegung. Zylindrischer Lenkwaffenrumpf, der sich gegen den langgestreckten, spitz zulaufenden Bug deutlich verjüngt. Vier kleine schwenkbare Vorflächen im Bug, die mit den kreuzförmig angeordneten Deltaflächen im Heck fluchten. Zylindrisches Marschtriebwerk mit drei großen Stabilisierungsflossen.
**Lenkung und Steuerung:** Fernlenksystem von Western Electric. Steuerung über Vorflächen im Bug.
**Gefechtskopf:** Hochexplosiv, Zündung über Bodensignal.
**Länge:** 10,36 m
**Rumpfdurchmesser:** 0,30 m
**Spannweite:** 1,22 m
**Startgewicht:** 1113 kg
**Höchstgeschwindigkeit:** Mach 2,25
**max. Reichweite:** 40 km

Nike Ajax auf mobiler Startanlage

ENTWICKLUNG UND TRUPPENDIENST

Als die erste Nike Ajax im Dezember 1953 in den Einsatz ging, bedeutete das die Inbetriebnahme des integrierten Flugzeug/Lenkwaffen-Luftverteidigungssystems der USA. Ungefähr 15 000 Nike Ajax wurden gebaut, bevor dieser Typ von der leistungsstärkeren Nike Hercules in der Produktion abgelöst wurde. 5500 Einheiten der Nike Ajax wurden während der Entwicklung und Erprobung allein zum Abschuß gebracht. In den USA sind heute keine Nike Ajax mehr im Einsatz, doch verwenden einige wenige Länder wie Griechenland, Italien und Japan – manchmal in halbmobilen Varianten – diese Lenkwaffe weiter, obwohl zur Unterstützung der Startanlagen ein hoher Aufwand erforderlich ist. Das Lenksystem ist ähnlich jenem der Nike Hercules und verwendet getrennt arbeitende Lenkwaffen- und Ziel-Verfolgungsradars sowie einen Computer, der die für das Abfangen notwendigen Kommandosignale errechnet.

# Nike Hercules (MIM-14) USA

**Boden-Luft-Lenkwaffe; in Serienbau und Truppendienst.**

**Hauptauftragnehmer:** Western Electric Company Inc./Mitsubishi Jukogyo Kabushiki Kaisha.
**Antrieb:** Feststoff-Marschtriebwerk von Thiokol. Vier gebündelte, abwerfbare Feststoff-Starttriebwerke von Hercules Inc.
**Zelle:** Zweistufige Lenkwaffe (Tandembauweise). Im wesentlichen zylindrischer Rumpf, der sich gegen den Bug hin verjüngt. Bug mit kreuzförmig angeordneten, kleinen Deltaflächen. Langgestreckte, ebenfalls kreuzförmig angeordnete Deltaflächen am Rumpf mit je einer Steuerfläche an der Hinterkante. Das Starttriebwerk besteht aus vier zylindrischen Einzeltriebwerken jenes Typs, der auch – allerdings nur als Einzeltriebwerk – in der Nike Ajax Verwendung findet. Vier kreuzförmig angeordnete Stabilisierungsflossen am Starttriebwerksheck, fluchtend mit Lenkwaffenflächen.
**Lenkung und Steuerung:** Fernlenksystem von Western Electric. Steuerung über Steuerflächen an den Hinterkanten der großen Stabilisierungsflächen.
**Gefechtskopf:** Entweder nuklear oder hochexplosiv.
**Länge:** 12,65 m
**max. Rumpfdurchmesser:** 0,80 m
**Spannweite:** 1,88 m
**Startgewicht:** 4720 kg
**Höchstgeschwindigkeit:** Mach 3,65
**max. Reichweite:** 130 km

## ENTWICKLUNG UND TRUPPENDIENST

Obwohl die Entwicklung der Nike Hercules, die damals noch unter der Bezeichnung Nike B bekannt war, bereits 1953 mit dem Ziel anlief, die Nike Ajax zu ersetzen, steht sie heute noch bei Mitsubishi in Japan in Serienproduktion. In den USA, wo die Nike Hercules im Jahre 1958 als das primäre

Nike Hercules-Abschußanlage der nationalchinesischen Luftstreitkräfte.

Flugzeugabwehr-Lenkwaffensystem Einsatzreife erlangte, hat inzwischen die Zahl der Startbasen, die mit Nike Hercules ausgerüstet sind, nachgelassen. In den frühen siebziger Jahren waren nur noch 13 Nike Hercules-Batterien im aktiven Einsatz; 27 weitere werden von der National Guard betrieben. Letztere Batterien werden in Bälde auf SAM-D umgerüstet.

Ursprünglich wurde die Nike Hercules-Lenkwaffe von der Douglas Aircraft Company entwickelt und produziert. Das Programm erzielte in seiner Frühzeit einen bemerkenswerten Erfolg, als eine Nike Hercules im September 1960 eine andere Lenkwaffe des gleichen Typs auf eine Entfernung von 48 km vom Startpunkt am White Sands Missile Range abfing. Die Abfanghöhe betrug ca. 30 500 m. Im Betrieb wird das Ziel zuerst mit dem Zielerfassungsradar aufgespürt, das es dann an das Zielverfolgungsradar weiterreicht. Wird die Lenkwaffe gestartet, so liefert ein zweites Zielverfolgungsradar entsprechende Kommandos an das Lenkwaffen-Lenksystem und gibt unter der Kontrolle des Datenverarbeitungsgeräts des Waffensystems auch den Zündbefehl an den Gefechtskopf. In den USA wurden die Nike Hercules-Batterien in das SAGE-Verteidigungssystem eingegliedert, das alle Abwehrjäger und Lenkwaffen steuerte. Die Nike Hercules tut auch in der mobilen Einsatzrolle bei den NATO- und SEATO-Streitkräften Dienst. In dieser Version findet ein fortgeschrittenes Hochleistungs-Erfassungsradar Verwendung, das die Beweglichkeit und Zielerfassungsfähigkeit des Gesamtsystems erheblich verbessert.

## Nuclear Falcon (AIM-26) USA

**Nukleare Luft-Luft-Lenkwaffe; in Truppendienst.**

**Daten** beziehen sich auf die AIM-26A.
**Hauptauftragnehmer:** Hughes Aircraft Company.
**Antrieb:** Feststoff-Raketenmotor M60 von Thiokol.
**Zelle:** Rumpf mit Kreisquerschnitt. Größter Durchmesser auf Mitte, Verjüngung gegen Bug und Heck. Abgerundeter Bug. Kreuzförmig angeordnete, langgestreckte Deltafläche mit je einer Steuerfläche hinter der Endkante.
**Lenkung und Steuerung:** Halbaktive Lenkung durch Zielsuchradar von Hughes. Steuerung über Heckflächen.
**Gefechtskopf:** Nuklear mit aktivem Annäherungszünder.
**Länge:** 2,13 m
**max. Rumpfdurchmesser:** 0,28 m
**Spannweite:** 0,51 m
**Startgewicht:** 92 kg
**Höchstgeschwindigkeit:** Mach 2
**max. Reichweite:** 8 km

ENTWICKLUNG UND TRUPPENDIENST

Die Nuclear Falcon (Bezeichnung AIM-26A, früher XGAR-11) trat 1963 auf den Plan. Sie kombiniert das Steuer- und Lenksystem der AIM-4A Falcon (siehe Seite 49) mit der bei weitem größeren Zerstörungskraft eines Nukleargefechtskopfes. Wegen seiner besseren Allwetterfähigkeit wurde der Radarzielsuche vor der Infrarotzielsuche der Vorzug gegeben. Als weitere Vorteile wurden die größere Erfassungsreichweite und die Eignung für Angriffe aus allen Richtungen, insbesondere von vorn, angegeben. Rein äußerlich unterschied sich die AIM-26A von früheren Falcon-Varianten durch einen stärker aufgedickten Rumpf und darin, daß sie nicht die in den Versionen AIM-4A, C und D vorhandenen Leitkanten am Bug aufweist. Als die AIM-26A auf den Trägerflugzeugen des Typs F-102 Delta Dagger den Dienst aufnahm – beim Air Defense Command der USAF – war sie die erste mit einem Nukleargefechtskopf ausgerüstete Luft-Luft-Lenkwaffe der Welt, kurz nach dem Zeitpunkt, da die AIM-4A, die erste Luft-Luft-Lenkwaffe der USAF überhaupt, in Dienst gestellt worden war. 1963 folgte die Serienfertigung der AIM-26B (frühere Bezeichnung GAR-11A), die keinen Nukleargefechtskopf aufweist (siehe auch HM-55 auf Seite 51).

## Otomat — Frankreich/Italien

**Taktische Schiff-Schiff-Lenkwaffe; in Entwicklung.**

**Hauptauftragnehmer:** SA Engins Matra (Frankreich) und Oto Melara SpA (Italien).
**Antrieb:** Strahltriebwerk Turboméca Arbizon III von 400 kp Schub. Zwei abwerfbare, seitlich montierte Starttriebwerke.
**Zelle:** Zylindrischer Rumpf. Vier Triebwerkeinläufe halbkreisförmigen Querschnitts und entsprechende Luftleitungskörper, auf denen je eine gekappte Deltafläche sitzt, gleichmäßig um Rumpf herum angeordnet (auf halber Höhe zwischen Bug und Heck). Kreuzförmig angeordnete Hecksteuerflächen, fluchtend mit Deltaflächen. Spitz zulaufender Bugkonus und sich verjüngende Heckverkleidung.
**Lenkung und Steuerung:** Trägheitslenkung mit aktiver Radarzielsuche von Thomson-CSF in der Endphase des Fluges. Steuerung über Heckflächen.
**Gefechtskopf:** Halb panzerbrechend, Gewicht mehr als 200 kg.
**Länge:** 4,82 m
**Rumpfdurchmesser (vor Lufteinläufen):** 0,40 m
**Spannweite:** 1,19 m
**Startgewicht:** 700 kg
**Höchstgeschwindigkeit:** Mach 0,82
**max. Reichweite:** 60 bis 80 km

### ENTWICKLUNG UND TRUPPENDIENST

Diese Lenkwaffe, deren Name sich aus den Anfangsbuchstaben der Herstellerfirmen OTO Melara und MATra herleitet, wurde beginnend mit 1969 entwickelt, um eine Waffe der gleichen Kategorie wie die französische Exocet zu schaffen, die jedoch durch die Verwendung eines Strahltriebwerks statt eines Raketenmotors eine viel größere Reichweitenleistung aufweisen sollte. Der Otomat-Gefechtskopf ist ungewöhnlich groß. Seine Schlagkraft wird durch den Sprengeffekt des noch in der Lenkwaffe verbleibenden Treibstoffs verstärkt, wenn sie auf das Ziel auftrifft.
Die Otomat macht nicht die Verwendung eines drehbaren Startgeräts notwendig. Sie kann in ih-

Otomat im Windkanal.

rem Startbehälter, der auch als Transportcontainer dient, in fester Position am Trägerfahrzeug montiert werden. Die Otomat kann bei allen Wetterbedingungen, bei Tag und Nacht, zum Abschuß gelangen und kann ihre Richtung um 180° steuer- und backbords ändern und sich selbst auf das Ziel aufschalten, das sich also hinter dem Trägerschiff befinden kann. Der Rohkurs der Lenkwaffe wird vom Radar an Bord des Schiffes und vom Feuerleitradar errechnet, während in der Endphase des Fluges eine aktive Radar-Aufschaltung auf das gegnerische Schiffsziel erfolgt, das »hinter dem Horizont« liegen kann und deshalb vom Schiffsradar nicht zu erfassen ist. Über einen Funkhöhenmesser wird eine Marschflughöhe von 15 m während des gesamten Flugvorganges gehalten. Der Endanflug erfolgt entweder in dieser genannten Höhe oder nach einem in einer Entfernung von 7 km vom Ziel eingeleiteten Steigflug und darauffolgendem Sinkflug ins Ziel. Die Auslieferung der Otomat soll 1973 beginnen. Als erste Schiffe sollen die Patrouillenboote der italienischen Marine (Freccia-Klasse) mit je vier Otomat-Startanlagen ausgerüstet werden.

# Penguin — Norwegen

**Taktische Schiff-Schiff-Lenkwaffe; in Serienbau und Truppendienst.**

**Hauptauftragnehmer:** A/S Kongsberg Vaapenfabrikk.
**Antrieb:** Zylindrischer Rumpf mit gepfeilten, kreuzförmig angeordneten Flächen zwischen Bug und Heck. Kleine, ebenfalls gepfeilte Flossen an dem sich verjüngenden Bug, die mit den großen Flächen fluchten.
**Lenkung und Steuerung:** Trägheitslenkung mit Infrarot-Zielsuche in der Endphase des Fluges.
**Gefechtskopf:** Hochexplosiv, Gewicht 120 kg mit Aufschlagzünder.
**Länge:** 3,05 m
**Rumpfdurchmesser:** 0,28 m
**Spannweite:** 1,40 m
**Startgewicht:** 330 kg
**max. Reichweite:** 18,5 bis 27 km

## ENTWICKLUNG UND TRUPPENDIENST

Diese schiffgestützte taktische Lenkwaffe tut bereits Dienst auf den Kanonenbooten der Storm-Klasse der Königlich Norwegischen Marine, von denen jedes mit sechs Penguin-Startanlagen am Hinterdeck ausgerüstet ist. Die Torpedoboote der Snogg-Klasse sollen mit vier ähnlichen Startanlagen bestückt werden. Ferner sollen die fünf Fregatten der Oslo-Klasse Penguin-Bewaffnung erhalten.
Die Penguin wurde vom norwegischen Verteidigungsforschungs-Zentrum mit Unterstützung der technischen Abteilungen der Marinestreitkräfte der USA und der Bundesrepublik entwickelt. Mit der Serienproduktion hat man die Kongsberg Vaapenfabrikk betraut. Die Penguin ist mit einem ähnlichen Gefechtskopf wie die Luft-Boden-Lenkwaffe Bullpup ausgestattet, für die Kongsberg euro-

Penguin-Startbehälter auf einem Kanonenboot der Storm-Klasse.

päischer Hauptauftragnehmer war. Der Behälter, in dem die Penguin zur Auslieferung gelangt, dient auch als Bord-Startcontainer und nimmt auch die zugehörige Startschiene auf. Nach Kongsberg-Angaben ist die Penguin mit den meisten heute existierenden Marine-Feuerleitsystemen zum Abschuß zu bringen. Ferner soll sie auch von Hubschraubern und anderen Trägern aus einsetzbar sein.

## Pershing (MGM-31A) USA

**Boden-Boden-Artillerielenkwaffe variabler Reichweite; in Truppendienst.**

**Hauptauftragnehmer:** Martin Marietta Corporation.
**Antrieb:** Feststoff-Raketenmotoren in Tandem-Bauweise (Erststufe Thiokol M-105, Zweitstufe Thiokol M-106).
**Zelle:** Zweistufen-Auslegung. Im wesentlichen zylindrischer Rumpf mit langgestrecktem, spitz zulaufendem Bugkonus. Drei rechteckige Leitflächen im Heck der Zweitstufe, fluchtend mit drei deltaförmigen Hecksteuerflächen an der Erststufe.
**Lenkung und Steuerung:** Trägheitslenksystem der Eclipse-Pioneer Division von Bendix, das bis zum Brennschluß und Abtrennen der Zweitstufe arbeitet. Steuerung über die Heckflossen der Erststufe, über Strahlablenkung und über Leitflächen der Zweitstufe.
**Gefechtskopf:** Nuklear (in abwerfbarem Wiedereintrittskörper).
**Länge:** 10,51 m
**Rumpfdurchmesser:** 1,01 m
**Startgewicht:** 4535 kg
**Reichweitengrenzen:** 185 bis 740 km

### ENTWICKLUNG UND TRUPPENDIENST

Die Orlando Division von Martin Marietta begann mit der Pershing-Entwicklung im Jahre 1958. Die technische Aufsicht über das Programm lag beim US Army Missile Command in Redstone Arsenal im US-Bundesstaat Alabama. 1960 wurden erste Schießversuche unternommen. Die Trefferrate lag dabei höher als bei allen früheren Lenkwaffen. Das Ergebnis dieser Zielgenauigkeit war eine Beschleunigung der Entwicklungsarbeiten – 1962 wurde die Pershing als einsatzreif erklärt und trat in der Folge bei der US Army und später auch bei den Streitkräften der Bundesrepublik in den Dienst. Die Pershing ist eine Artillerielenkwaffe variabler Reichweite, die sowohl die Gefechtsfeldunterstützung als auch die Verteidigung von ganzen Armeeteilen übernehmen kann – bei erstaunlich geringer Reaktionszeit. Ein typisches Pershing-Bataillon weist vier feuerbereite Batterien, eine Hauptquartiers-Batterie und eine Service-Batterie auf. In seiner ursprünglichen Form war das komplette Pershing-Waffensystem auf

Pershing 1-A bereit zum Start.

vier Kettenfahrzeugen des Typs XM474 montiert. Im Rahmen des Pershing 1-A-Verbesserungsprogramms wurden diese durch vier Radfahrzeuge ersetzt, die auf dem Fünftonnen-Lkw Ford M656 basierten, zusätzliche neue Unterstützungsausrüstung mitführten und ferner die Feuergeschwindigkeit erhöhten und die Systemzuverlässigkeit verbesserten. Der Pershing 1-A-Fahrzeugpark besteht aus einem aufrichtbaren Startgerät, einem Sattelschlepper, auf dem die Lenkwaffe und der Gefechtskopf transportiert werden und mit dem sowohl der Straßentransport als auch der Transport über unwegsames Gelände möglich sind, einem Transporter für die verbesserte Programmier- und Teststation sowie für die Energieversorgungsanlage. Außerdem zählen dazu: Der Lkw zur Beförderung des Feuerbatterie-Kontrollzentrums, ein Fahrzeug für die Fernlenkeinheit und eine aufblasbare Antenne. Die Einsatzlenkwaffe MGM-31A (frühere Bezeichnung M-14) wurde im Rahmen dieses Verbesserungsprogramms nicht geändert. Es existiert auch eine Übungsversion der Pershing mit der Bezeichnung MTM-31B (früher M-19).

## Phoenix (AIM-54A) USA

**Langstrecken-Luft-Luft-Lenkwaffe; in Serienbau.**

**Hauptauftragnehmer:** Hughes Aircraft Company.
**Antrieb:** Feststoff-Raketenmotor Rocketdyne Mk.47 Mod. 0.
**Zelle:** Zylindrischer Rumpf mit spitz zulaufendem Bug. Langgestreckte, kreuzförmig angeordnete Flächen und ebenfalls kreuzförmige Hecksteuerflächen.
**Lenkung und Steuerung:** Zielsuchradar-Lenkung von Hughes. Steuerung über Heckflächen.
**Gefechtskopf:** Hochexplosiv, mit Annäherungszünder.
**Länge:** 3,96 m
**Rumpfdurchmesser:** 0,38 m
**Spannweite:** 0,91 m
**Startgewicht:** 380 kg
**Reichweite:** 110 bis 160 km (geschätzt).

### ENTWICKLUNG UND TRUPPENDIENST

Die Phoenix, die ursprünglich als Bewaffnung für die inzwischen wieder aufgegebene taktische Jägerentwicklung F-111B gedacht war, ist gegenwärtigen Lenkwaffen derart überlegen, daß sie auch als Primärbewaffnung der Grumman F-14 Tomcat für die US Navy vorgesehen ist. Wartungsmöglichkeiten und Zuverlässigkeit der Lenkwaffe liegen dadurch, daß sie aus einer Reihe von unabhängigen Sektionen besteht, sehr

günstig. Als Vorteile dieser Auslegung werden angeführt, daß die Phoenix entweder als komplette Einheit oder auch – für leichteres Check-out an Bord des Schiffes oder bei beschränkten Raumverhältnissen – in zerlegtem Zustand befördert werden kann. Im Einsatz wird das Ziel durch das AN/AWG-9-Waffenkontrollsystem von Hughes lokalisiert, das unter sämtlichen Wetterbedingungen betriebsbereit ist; der Phoenix-Start erfolgt dann in optimaler Entfernung vom Ziel. Das Impuls-Dopplerradar des AN/AWG-9-Systems ermöglicht die klare Trennung eines bewegten Zieles von umgebenden Bodenechos, die bei anderen Systemen das bewegte Ziel »unsichtbar« machen. Die Betriebsart »Track-while-Scan« (gleichzeitiges Verfolgen des Ziels und Abtasten der Umgebung) ermöglicht es dem Feuerleitsystem, gleichzeitig sechs Lenkwaffen auf Kurs zu halten und gleichzeitig nach weiteren Zielen Ausschau zu halten. In der Endphase des Anfluges auf das Ziel wird die Phoenix mit ihrem eigenen aktiven Radarsystem geführt.

Die ersten Flugzeugstarts von Phoenix-Lenkwaffen – allerdings noch mit einer Gefechtskopfattrappe – wurden 1965 durchgeführt; als Trägerflugzeuge wurden A-3A Skywarrior verwendet. Im März 1969 gelang es, zwei Firebee-Zieldarstellungskörper zu gleicher Zeit mit zwei Phoenix abzufangen, wobei die Ziele eine Entfernung von einigen Kilometern zueinander hatten. Im August 1970 wurde die Fähigkeit des AN/AWG-9-Systems zum Trennen von bewegten Zielen und von Bodenechos und zur gleichzeitigen Zielverfolgung und zum Aufspüren neuer Ziele in einem Start gegen einen als Zielkörper dienenden Cougar-Jäger getestet, der in einer Entfernung von einigen Kilometern vom F-111B-Trägerflugzeug und in einer geringeren Höhe als dieses flog. Die Cougar wurde zerstört. Der erste Phoenix-Produktionsauftrag wurde im Dezember 1970 von der US Navy vergeben. Die Phoenix soll 1973 oder 1974 auf der F-14 den Dienst antreten.

## Pluton — Frankreich

**Taktische Nuklear-Boden-Boden-Lenkwaffe; in Serienbau.**

**Hauptauftragnehmer:** Aérospatiale, Division Engins Tactiques.
**Antrieb:** Doppelschub-Feststoff-Raketenmotor vom Typ SEP Styx.
**Zelle:** Zylindrischer Rumpf mit spitz zulaufendem Bugkonus und Steuerflächen im Heck.
**Lenkung und Steuerung:** Vereinfachtes Trägheitslenkungssystem mit SAGEM-Trägheitsplattform, die an einen Computer angeschlossen ist. Steuerung über elektrisch betätigte Heckflächen.
**Gefechtskopf:** Nuklear (Sprengkraft im Bereich von 10 bis 15 Kilotonnen).
**Länge:** 7,59 m
**Rumpfdurchmesser:** 0,65 m
**Spannweite:** 1,42 m
**Startgewicht:** 2420 kg
**max. Reichweite:** 100 km

ENTWICKLUNG UND TRUPPENDIENST

Dieses mobile taktische Waffensystem wird entwickelt und produziert, um die Honest John-Artillerielenkwaffen abzulösen, die gegenwärtig fünf Bataillone der französischen Armee ausrüsten. Seit 1969 werden Schießversuche mit vollmaßstäblichen Pluton-Testlenkwaffen durchgeführt. Die ab Sommer gestarteten Varianten entsprechen bis auf den Gefechtskopf der Einsatzlenkwaffe und verfügen bereits über ein komplettes Lenksystem. Mittlerweile hat das Entwicklungsprogramm der nuklearen Sprengladung im Rahmen der französischen Atomversuche im Pazifik bedeutende Fortschritte gemacht und man hofft, die Pluton 1973 in den vollen Einsatz übernehmen zu können.
Die Aérospatiale ist für die Lenkwaffe und die Startausrüstung verantwortlich. Die Programmleitung hat die taktische Lenkwaffenabteilung der französischen Armee. Lenkwaffe und Gefechtskopf werden als zwei getrennte Einheiten an die Truppe geliefert, wobei der Lenkwaffenbehälter so ausgelegt ist, daß er auch als Startbehälter verwendet werden kann, wenn er auf dem kettengetriebenen Transport- bzw. Startfahrzeug aufgebracht wird, das auf dem AMX-30-Panzerchassis basiert.

## Polaris (UGM-27) USA

**Ballistische Unterwasser-Boden- oder Boden-Boden-Lenkwaffe; in Truppendienst.**

**Daten:** UGM-27C Polaris A3.
**Hauptauftragnehmer:** Lockheed Missiles and Space Company.
**Antrieb:** Erststufe Feststoff-Raketenmotor von Aerojet-General. Zweitstufe Feststoff-Raketenmotor von Hercules Inc.
**Zelle:** Zweistufen-Auslegung. Zylindrischer Rumpf mit spitz zulaufendem Bugkonus. Erst- und Zweitstufen-Verkleidungen aus GFK. Keine Flossen oder Flächen.
**Lenkung und Steuerung:** Trägheitslenksystem (entwickelt unter der Verantwortung des Massachussetts Institute of Technology und produziert von General Electric und Hughes). Steuerung der Erststufe über Schwenkdüsen. Steuerung der Zweitstufe über ein Schubvektorsystem unter Verwendung von Flüssigkeits-Einspritzung.
**Gefechtskopf:** Thermonuklear in Mehrfach-Bauweise (MIRV).
**Länge:** 9,45 m
**max. Rumpfdurchmesser:** 1,37 m
**Startgewicht:** 15 850 kg
**Höchstgeschwindigkeit:** 10 620 km/h
**max. Reichweite:** 4630 km

## ENTWICKLUNG UND TRUPPENDIENST

Als die Idee erstmals vorgetragen wurde, ballistische Langstreckenraketen von U-Booten aus zum Start zu bringen, schienen die dadurch aufgeworfenen Probleme unlösbar zu sein. Aber bereits 1956 boten die bei Feststoff-Treibmitteln, Lenksystemen und Gefechtsköpfen erzielten Fortschritte die Möglichkeit, eine Reichweitenleistung, die sich mit den damals in Produktion stehenden landgestützten Mittelstrecken-Lenkwaffen vergleichen ließ, mit einem Lenkwaffenentwurf zu realisieren, der nur ein Viertel ihres Gewichts aufwies. Daraufhin führte die Lockheed Missiles and Space Company Entwurfsstudien bezüglich einer Lenkwaffe durch, die in einem auf einem Spezial-U-Boot untergebrachten Startrohr zum Verschuß gebracht werden sollte. Die Autonetics Division von North American und Sperry begannen in der Folge mit der Entwicklung eines Schiff-Trägheitsnavigationssystems mit der Bezeichnung SINS (Ship's Inertial Navigation System), das mit großer Präzision die geographische Länge und Breite eines Träger-U-Bootes feststellen konnte und damit für eine exakte Flugbahn des von ihm abgefeuerten Flugkörpers sorgen sollte.

Der Abschuß von Testlenkwaffen

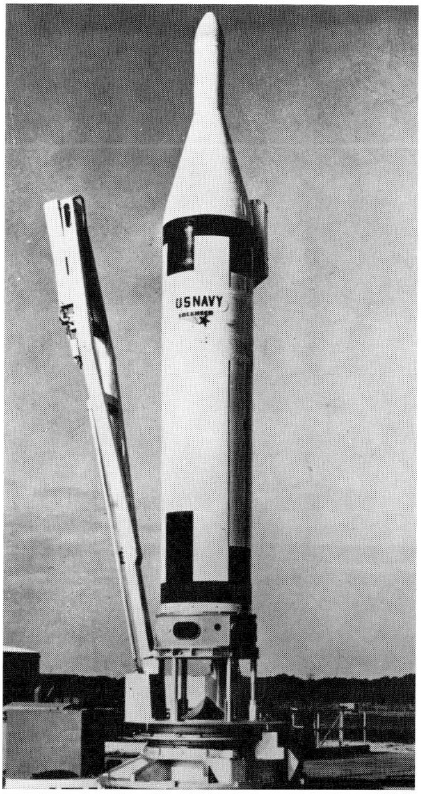


Polaris A2

von der Küste und vom Überwasserschiff USS Observation Island führte 1960 zu den ersten Unterwasserstarts. Diese erreichten mit dem erfolgreichen Start zweier UGM-27A Polaris A-1 aus dem getauchten U-Boot USS George Washington am 20. Juli desselben Jahres ihren Höhepunkt. Die George Washington war ein Boot mit Nuklearantrieb, das während seines Baues so modifiziert wurde, daß in einer Sektion mittschiffs 16

Startrohre Platz fanden. Dagegen handelt es sich bei den später für die US Navy (40 Einheiten) und für die Royal Navy (4 Einheiten) gebauten Lenkwaffen-U-Booten durchwegs um Spezialkonstruktionen. Die ursprüngliche UGM-27-A wurde schließlich von der verbesserten UGM-27B Polaris A2 abgelöst (Gewicht 13 600 kg, Reichweite 2800 km), die zur Zeit auf 13 U-Booten eingesetzt ist, und später von der noch weiter entwickelten UGM-27C (Daten siehe oben), die auf 28 amerikanischen und auf den vier britischen U-Booten Dienst tut.

Unterwasserstart einer Polaris A2.

## Poseidon (UGM-73) USA

**Ballistische Unterwasser-Boden- oder Boden-Boden-Lenkwaffe; in Serienbau und Truppendienst.**

**Daten und Foto:** UGM-73A Poseidon C3.

**Hauptauftragnehmer:** Lockheed Missiles and Space Company.

**Antrieb:** Erststufe Feststoff-Raketenmotor von Hercules oder Thiokol. Zweitstufe Feststoff-Raketenmotor von Hercules.

**Zelle:** Zweistufen-Auslegung. Zylindrischer Rumpf mit zulaufendem Bugkonus. Verkleidung der Erst- und Zweitstufe aus GFK. Keine Flossen oder Flächen.

**Lenkung und Steuerung:** Trägheitslenksystem, entwickelt unter der Verantwortlichkeit des Massachussetts Institute of Technology und produziert von General Electric und Raytheon. Schubvektorkontrolle über eine bewegliche Düse pro Stufe (Betätigung durch Gasgenerator).

**Gefechtskopf:** Thermonuklear in Form von Mehrfachgefechtsköpfen (MIRV – Multiple Independently-targetable Reentry Vehicle) von LMSC und der Atomenergiekommission.

**Länge:** 10,35 m

**max. Rumpfdurchmesser:** 1,88 m

**Startgewicht:** ca. 12 500 kg

**max. Reichweite:** 4630 km

## ENTWICKLUNG UND TRUPPENDIENST

Die US Navy, die in der Polaris den Einsatzwert eines U-Boot-gestarteten strategischen Lenkwaffensystems zu schätzen gelernt hatte, beschloß 1965, die noch schlagkräftigere Poseidon zu entwickeln, um darin Vorteil aus neuen Entwicklungen der Lenkwaffentechnologie zu ziehen. Es war inzwischen möglich geworden, größere Lenkwaffen an Bord der existierenden Polaris A3-U-Boote unterzubringen, wobei nur geringfügige Änderungen an den Startrohren vorgenommen zu werden brauchten. Diese Tatsache machte es der Lockheed Missiles and Space Company (LMSC) möglich, größere Raketenmotoren und verbesserte Ausrüstung in den neuen Entwurf einzubringen und so die Nutzlastkapazität zu verdoppeln und auch die Genauigkeit gegenüber der Polaris um das Zweifache zu steigern. Stellt man noch die Vorteile in Rechnung, die sich durch die Verwendung eines Mehrfach-Gefechtskopfes ergaben, so ist die Poseidon bei weitem schlagkräftiger als ihr Vorgängermuster Polaris und wird denn auch diese auf 31 der insgesamt 41 ballistischen Lenkwaffen-U-Booten der US Navy ablösen. Erste Schießversuche mit Poseidon-Testlenkwaffen begannen am 16.

August 1968. Bis Juni 1970 waren alle 20 Lenkwaffen des ersten Fertigungsloses zum Abschuß gebracht, 17 davon von Basen an der Küste und drei von ihnen aus Startrohren des Überwasserschiffes USS Observation Island. Die Unterwasser-Startversuchsreihe wurde am 3. August 1970 aufgenommen, als eine Poseidon vom U-Boot USS James Madison gestartet wurde, dem ersten U-Boot, das mit den modifizierten Startrohren und verbesserten Navigations- und Feuerleitsystemen für die neue Waffe ausgerüstet worden war. Die darauffolgenden Entwicklungsarbeiten schritten so rapide voran, daß die James Madison bereits im März 1971 einsatzbereit erklärt werden konnte.

## Quail (ADM-20C) — USA

**Bordgestartete Stör-Lenkwaffe; in Truppendienst.**

**Hauptauftragnehmer:** McDonnell Aircraft Corporation.
**Antrieb:** Strahltriebwerk General Electric J85-GE-7 von 1112 kp Schub.
**Zelle:** Flugzeugauslegung. Rumpf mit Rechteckquerschnitt und abgerundetem Bug. Kurze, hoch angesetzte, faltbare Flächen (Deltaform) im Heck mit je einer Seitenleitwerksfläche in Spannweitenmitte und einer zweiten Fläche, die von der Flächenspitze nach unten weist. Staulufteinläufe zu beiden Seiten des Rumpfes.
**Lenkung und Steuerung:** Autopilot von McDonnell.
**Gefechtskopf:** Kein Gefechtskopf, aber Selbstzerstörungsgerät zur Verhinderung einer eventuellen Bergung durch den Gegner.
**Länge:** 3,91 m
**Startgewicht:** 545 kg
**Marschgeschwindigkeit:** Mach 0,9
**Reichweite:** über 400 km

### ENTWICKLUNG UND TRUPPENDIENST

Bis zur Einsatzreife von SCAD (siehe Seite 167) wird die Quail ihre einzigartige Rolle auf dem Lenkwaffensektor weiterspielen. Ihre einzige Aufgabe besteht darin, auf einem vorgeplanten Kurs im gegnerischen Luftraum zu fliegen, so daß sie auf den Radargeräten der Frühwarnung, Lenkwaffenbasen und Jägerleitzentralen aufscheint und so die Abwehrmaßnahmen des Gegners stört. Dies wird durch eines der verschiedenen Elektronikgeräte verursacht, die im GFK-Rumpf der Quail untergebracht sind und bewirken, daß der sehr kleine Störflugkörper das gleiche Radarecho hervorruft wie der gigantische B-52 Stratofortress-Bomber, von dem aus sie gestartet wird.
McDonnell begann mit der Entwicklung der Quail, die damals noch die Bezeichnung XGAM-72 führte, im Jahre 1955. Im Juni 1960

wurden erstmals drei Quail gleichzeitig unter Einsatzbedingungen von Bord einer B-52 gestartet (über der Eglin AFB). Noch vor Ende desselben Jahres stellten die ADM-20B-Serienversionen der Quail ihre Fähigkeiten auf einem vorprogrammierten Flug von einigen hundert Meilen Länge unter Beweis. Die Auslieferung an die Strategic Air Command-Stützpunkte war zwischen März 1961 und Januar 1962 abgeschlossen. Vier Quail können in einer kleinen Start-»Packung« untergebracht werden, wobei Flügel und Heckflächen zum Verstauen im Waffenschacht der B-52 gefaltet werden können. Unmittelbar vor dem Start wird das Triebwerk der Quail angelassen, daraufhin werden Flügel und Leitwerksflächen entfaltet. Die gegenwärtige Einsatzversion führt die Bezeichnung ADM-20C.

R.511 unter dem Rumpf einer Mirage IIIC.

# R.511 — Frankreich

**Luft-Luft-Lenkwaffe; in Truppendienst.**

**Hauptauftragnehmer:** SA Engins Matra.
**Antrieb:** Zweistufiger Feststoff-Raketenmotor von Hotchkiss-Brandt. Schub der ersten Stufe 1600 kp, der zweiten Stufe 200 kp.
**Zelle:** Zylindrischer Rumpf mit beweglichen Mitteldecker-Vorflächen am spitz zulaufenden Bug. Im Heck montierte Flächen mit je einer oberen und unteren Flosse am Flächenende und Ruder an der Rumpfunterseite.
**Lenkung und Steuerung:** Halbaktive Radar-Zielsuche. Steuerung über Vorflächen.
**Gefechtskopf:** Hochexplosiv, mit Annäherungszünder.
**Länge:** 3,09 m
**Rumpfdurchmesser:** 0,26 m
**Spannweite:** 1,00 m
**Startgewicht:** 180 kg
**Höchstgeschwnidigkeit:** Mach 1,8
**max. Reichweite:** 7 km

## ENTWICKLUNG UND TRUPPENDIENST

Schießversuche mit dieser französischen Luft-Luft-Lenkwaffe der ersten Generation begannen im Jahre 1956. Die R.511 steht heute noch bei den mit den zweistrahligen Allwetterjägern Vautour ausgerüsteten Jagdstaffeln der französischen Luftstreitkräfte im Einsatz und kann auch von der Mirage IIIC mitgeführt werden. Die Lenkwaffe ist, da sie nur Verfolgungskurs-Angriffe fliegen kann, veraltet. Sie kann in Höhen zwischen 3000 und 18 000 m operieren.

R.530 under fuselage of Mirage

R.530 unter dem Rumpf einer Mirage.

# R.530 | Frankreich

**Luft-Luft-Lenkwaffe; in Truppendienst.**

**Hauptauftragnehmer:** SA Engins Matra.
**Antrieb:** Zweistufiger Feststoff-Raketenmotor von Hotchkiss-Brandt mit einer Schubleistung von 8500 kp.
**Zelle:** Zylindrischer Rumpf mit abgerundetem, sich geringfügig verjüngendem Bug. Kreuzförmig angeordnete Delta-Flächen, von denen zwei mit Querrudern ausgerüstet sind. Fluchtend mit ebenfalls kreuzförmig angeordneten Hecksteuerflächen. Bei der Infrarot-Variante verglaster Rumpfbug.
**Lenkung und Steuerung:** Entweder halbaktive Radar- oder Infrarot-Zielsuche. Steuerung über Querruder und bewegliche Hecksteuerflächen.
**Gefechtskopf:** Hersteller Hotchkiss-Brandt, Gewicht 27 kg, mit Annäherungszünder.
**Länge:** 3,28 m
**Rumpfdurchmesser:** 0,26 m
**Spannweite:** 1,10 m
**Startgewicht:** 195 kg
**Höchstgeschwindigkeit:** Mach 2,7
**max. Reichweite:** 18 km

## ENTWICKLUNG UND TRUPPENDIENST

Diese sehr schlagkräftige Luft-Luft-Lenkwaffe wird als Standardbewaffnung unter dem Rumpf der Mirage-Interzeptoren und unter den Flügeln der Vautour IIN der französischen Luftstreitkräfte mitgeführt. Sie wurde auch in jene Länder exportiert, die Mirage-Bestellungen aufgegeben hatten, darunter Australien, Israel und Südafrika. Auf den F-8E(N) Crusader der französischen Marine ist sie zu beiden Seiten des Vorderrumpfes installiert. Die R.530 ist eine Allwetterlenkwaffe, die von Seehöhe bis zu Höhen von 21 000 m operieren kann. Die beiden als Alternativen verwendbaren Zielsuchköpfe sind empfindlich genug, um das Ziel während des Angriffs von allen Richtungen zu erfassen. Das unterscheidet sie von manchen Infrarot-Waffen, die hinter dem Ziel abgeschossen werden müssen, um sich auf die heißen Triebwerkabgase aufzuschalten.

## R.550 Magic — Frankreich

**Luft-Luft-Lenkwaffe kurzer bzw. mittlerer Reichweite für den Luftkampf; in Entwicklung.**

**Hauptauftragnehmer:** SA Engins Matra.
**Antrieb:** Feststoff-Raketenmotor.
**Zelle:** Schlanker zylindrischer Rumpf mit abgerundetem Bug. »Doppelenten«-Konfiguration mit beweglichen vorderen Steuerflächen, die mit kreuzförmig angeordneten Flächen und Heckflossen fluchten.
**Lenkung und Steuerung:** Infrarot-Lenksystem. Steuerung über vordere Flächen.
**Abmessungen, Gewicht und Leistungen:** Geheim.

ENTWICKLUNG UND TRUPPENDIENST

Die R.550 Magic ist die Antwort der Firma Matra auf die Forderung nach einer schnell manövrierbaren »Luftkampf«-Lenkwaffe geringer Reichweite, die nach Kampferfahrungen im Vietnamkrieg laut geworden war, wonach es konventionellen Luft-Luft-Lenkwaffen nicht gelungen war, MiG-

R.550 unter der Tragfläche eines Meteor-Testflugzeugs.

Typen im Luftkampf abzuschießen. Die Entwicklung der R.550 wurde 1967 auf privater Basis begonnen, wurde jedoch seit 1969 unter Förderung der französischen Luftwaffe weitergeführt. Die R.550 kann von den gleichen Aufhängestationen wie die Sidewinder zum Abschuß gelangen, die sie ja auch ablösen soll.

## Rapier

## Großbritannien

**Boden-Luft-Lenkwaffe geringer Reichweite; in Serienbau und Truppendienst.**

**Hauptauftragnehmer:** British Aircraft Corporation, Guided Weapons Division.
**Antrieb:** Feststoff-Raketenmotor von IMI.
**Zelle:** Zylindrischer Rumpf mit kreuzförmig angeordneten, gekappten Delta-Flächen, die auf halbem Weg zwischen dem spitz zulaufenden Bugkonus und den kreuzförmig angeordneten Heckflossen liegen.
**Lenkung und Steuerung:** Funk-Fernlenksystem. Führung entlang der Visierlinie zum Ziel. Radar-Verfolgungssystem für Allwetter-Einsatz (in Entwicklung). Steuerung über bewegliche Heckflächen.
**Gefechtskopf:** Hochexplosiv, mit Aufschlagzünder.
**Länge:** 2,21 m
**Rumpfdurchmesser:** 0,13 m
**Spannweite:** 0,38 m
**Höchstgeschwindigkeit:** über Mach 2

### ENTWICKLUNG UND TRUPPENDIENST

Die Rapier, die ursprünglich als Flugzeugabwehr-Lenkwaffensystem für niedrige Höhen mit der Bezeichnung ET.316 bekannt war, wurde ursprünglich auf einen Vertrag mit der britischen Armee und der Royal Air Force hin entwikkelt, der im September 1964 vergeben wurde. Die Entwicklungsfortschritte waren so rapide, daß man bereits Mitte 1967 mit der Serienproduktion der Rapier für die britische Armee und das RAF-Regiment beginnen konnte. Im Jahre 1971 war die Indienststellung bei beiden Streitkräfteteilen in vollem Gang. Zur gleichen Zeit ging ein weiterer großer Auftrag von der Königlich Iranischen Regierung ein. Ferner soll Rapier auch in Sambia im Einsatz sein.
Rapier ist eine Waffe von sehr geringer Reaktionszeit, die insbesondere auf eine hohe Trefferwahrscheinlichkeit bei der Bekämpfung von Hubschraubern, Unter- und Überschall-Flugzeugen in Höhen von einigen tausend Metern bis herab auf Seehöhe ausgelegt wurde. Die wichtigsten Elemente des Rapier-Systems sind ein geschlepptes Startfahrzeug, von dem aus vier Lenkwaffen zum Abschuß gebracht werden können, ein optisches Zielverfolgungsge-

Rapier-Feuereinheit (links), Verfolgungsgerät (hinten) und Generator (rechts).

Rapier-Verfolgungsgerät. Feuereinheit im Hintergrund.

rät und eine Energieversorgungsstation. Ist das Startfahrzeug einmal von zwei Mitgliedern der insgesamt fünf Mann zählenden Bedienmannschaft abschußfertig gemacht worden, dann kann es unbeaufsichtigt bleiben; das System selbst wird dann nur vom Mann am optischen Zielverfolgungssystem bedient. Erfaßt das Überwachungsradar, das zum Startgerät gehört, ein Ziel, dann stellt ein Freund-Feind-Abfragegerät einmal fest, ob das Ziel ein feindliches Flugzeug ist. Der Operator erfaßt dann das Ziel optisch nach seiner Elevation und verfolgt es durch Betätigung eines Steuerhebels, wobei die Startanlage diesen Bewegungen automatisch nachgeführt wird. Befindet sich das Ziel innerhalb der Lenkwaffen-Reichweite, was über einen Rechner festgestellt wird, so wird der Operator davon informiert und bringt eine Rapier zum Abschuß. Die Flares an der Lenkwaffe werden von einer Fernsehkamera im Verfolgungsgerät aufgenommen, die Abweichungen von der Visierlinie feststellt. Der Computer verwendet diese Daten zur Korrektur der Lenkwaffen-Flugbahn und zur Richtungshaltung zum Ziel. Das komplette Rapier-Waffensystem und neun Zusatz-Lenkwaffen können von zwei Land Rover-Fahrzeugen gezogen bzw. befördert werden. Auch der Transport durch zwei Wessex-Hubschrauber ist möglich.

## RB04

## Schweden

**Taktische Luft-Boden-Lenkwaffe; in Serienbau und Truppendienst.**

**Daten:** RB04E.
**Hauptauftragnehmer:** Saab-Scania Aktiebolag.
**Antrieb:** Feststoff-Raketenmotor.
**Zelle:** Rumpf mit Kreisquerschnitt, der sich gegen Heck und Bug verjüngt.
Im Heck angeordnete Mitteldeckerflächen mit je einem Querruder und einer festen Endscheibe. Kreuzförmig angeordnete Steuerflächen (gekapptes Delta) im vorderen Lenkwaffenbreich.
**Lenkung und Steuerung:** Hochwirksames Zielsuchsystem. Steuerung über Querruder und Vorflächen.
**Gefechtskopf:** Hochexplosiv, Gewicht 300 kg.
**Länge:** 4,45 m
**max. Rumpfdurchmesser:** 0,50 m
**Spannweite:** 1,98 m
**Startgewicht:** 600 kg
**Leistungen:** Geheim.

RB04E

## ENTWICKLUNG UND TRUPPENDIENST

Diese schlagkräftige Allwetter-Angriffs-Lenkwaffe wurde ursprünglich vom schwedischen Lenkwaffen-Direktorat (Robotavdelningen) entwickelt, um der Forderung aus dem Jahre 1949 nach einem Waffensystem gegen Schiffsziele zu entsprechen. Die erste komplette RB04 wurde am 11. Februar 1955 von einem Saab J 29-Jäger abgeschossen. Vier Jahre später wurde die Lenkwaffe zur Standardbewaffnung der Saab A 32A Lansen ausgewählt, mit der vier Geschwader der schwedischen Luftstreitkräfte ausgerüstet sind. Die RB04 erreicht nur Unterschallgeschwindigkeit, hat sich jedoch als so einsatzwirksam erwiesen, daß sie auch die Hauptbewaffnung des neuen Mach 2-Kampfflugzeugs Saab AJ 37 Viggen bilden soll, dessen Auslieferung an die Truppe 1971 anlief. Dieses Flugzeug führt zusätzlich zu den zwei an Unterflügelstationen beförderten RB04 eine dritte Lenkwaffe des gleichen Typs unter dem Rumpf mit.

Die gegenwärtig von der A 32A transportierte Version ist die RB-04D, die leistungsmäßig gegenüber der Standard-RB04C verbessert wurde. Die RB04D wurde 1971 in Dienst gestellt. Als nächste Variante soll die RB04E folgen, die eine überarbeitete Struktur und ein modifiziertes Lenksystem aufweist, um bessere Zuverlässigkeits- und Genauigkeitswerte zu erreichen. Man nimmt an, daß die RB04E den gleichen Radar-Zielsuchkopf erhalten soll wie die deutsche Lenkwaffenentwicklung Kormoran (siehe Seite 105).

RB05A unter dem Rumpf einer AJ 37 Viggen.

# RB05A Schweden

**Taktische Luft-Boden-Lenkwaffe; in Serienbau.**

**Hauptauftragnehmer:** Saab-Scania Aktiebolag.
**Antrieb:** Flüssigtreibstoff-Raketenmotor VR-35 von Volvo Flygmotor (lagerfähig).
**Zelle:** Zylindrischer Rumpf mit langgestrecktem, spitz zulaufendem Bug. Lange, kreuzförmig angeordnete Deltaflächen, die mit den ebenfalls kreuzförmig angeordneten Heckflächen fluchten.
**Lenkung und Steuerung:** Fernlenkung über einen vom Pilot betätigten Steuerhebel, unterstützt durch Verfolgungs-Flare an der Lenkwaffe. Steuerung über Heckflächen.
**Gefechtskopf:** Hochexplosiv, mit Annäherungszünder.
**Länge:** 3,60 m
**Rumpfdurchmesser:** 0,30 m
**Spannweite:** 0,80 m
**Startgewicht:** 305 kg
**Leistungen:** Geheim.

## ENTWICKLUNG UND TRUPPENDIENST

Die ersten Versionen dieser Waffe weisen keine Allwetter-Einsatzfähigkeit auf, wie sie z. B. die RB04 hat, sondern werden manuell ins Ziel gelenkt. Die Präzision des Lenksystems und das hohe Maß an Manövrierbarkeit der Lenkwaffe machen jedoch auch den Angriff auf See- und Landziele möglich, die sich in größerer Entfernung zu beiden Seiten des Trägerflugzeug-Kurses befinden. Ferner verweist die Firma Saab darauf, daß die RB05A auch in der Luft-Luft-Einsatzrolle operieren kann. Die Mikrowellen-Funkverbindung, mit der die Steuersignale des Piloten übermittelt werden, soll nicht empfindlich gegen gegnerische Störversuche sein und die volle Steuerbarkeit der Lenkwaffe auch in geringen Höhen über allen Terrainarten garantieren. Der Pilot lenkt die Lenkwaffe einfach so, daß das Verfolgungs-Flare in ihrem Heck auf das Ziel ausgerichtet ist. Später entwickelte Versionen, die mit einem Zielsuch-Lenksystem ausgerüstet sind, werden gegenwärtig bezüglich ihrer Allwetter-Einsatzmöglichkeit untersucht.

Die Entwicklungsgeschichte der RB05A begann – damals noch unter der Projektbezeichnung Saab 305A – im Jahre 1960. Ein Erstauftrag im Umfang von 14,5 Mio. Kronen wurde im November 1970 erteilt. Die RB05A soll die Bewaffnung der AJ 37 Viggen und der Versionen SK 60B und C des leichten Kampfflugzeugs Saab 105 bei den schwedischen Luftstreitkräften bilden.

## RB08A

## Schweden

**Boden-Boden- oder Schiff-Schiff-Lenkwaffe; in Truppendienst.**

**Hauptauftragnehmer:** Saab-Scania Aktiebolag.
**Antrieb:** Strahltriebwerk Turboméca Marboré IID. Antrieb des Startschlittens durch zwei Feststoff-Starttriebwerke.
**Zelle:** Rumpf mit Kreisquerschnitt, der sich zum Heck und zum Bug hin verjüngt. Langgestreckter Bugradom über dem Lufteinlauf. Faltbare Mitteldeckerflügel (Pfeilung 30 °) mit Spoilern und Endscheiben. V-Leitwerk und Flosse an Heckunterseite (Pfeilung 30 °).
**Lenkung und Steuerung:** In erster Flugphase Stabilisierung. Zielsuche in Endphase. Aerodynamische Steuerung über Spoiler und Leitwerkgruppe.
**Gefechtskopf:** Hochexplosiv.
**Länge:** 5,71 m
**max. Rumpfdurchmesser:** 0,66 m
**Spannweite:** 3,01 m
**Startgewicht:** 900 kg
**Leistungen:** Geheim.

### ENTWICKLUNG UND TRUPPENDIENST

Die RB08A ging aus dem französischen Zielflugkörper CT.20 hervor, der von Nord-Aviation entwickelt und gefertigt wurde. Die französische Firma entwickelte später auch Kampfversionen der CT.20, die als SM.20 und MM.20 bekannt sind (SM = Sol-Mer = Boden-See, MM = Mer-Mer = See-See). Es wurde darauf hingewiesen, daß diese Varianten einen Gefechtskopf eines Gewichts von 250 kg über eine Entfernung von 250 km befördern konnten. Die Königlich Schwedische Marine erteilte 1959 der Firma Saab den Auftrag, eine ähnliche Einsatzversion der CT.20 zu entwerfen. Im Jahre 1965 folgte dann der Serienfertigungsauftrag. 1970 war die Auslieferung der RB-08A abgeschlossen, und die Lenk-

RB08A an Bord eines Zerstörers.

waffe tut heute Dienst bei den Küstenbatterien und an Bord zweier Zerstörer der Schwedischen Marine. Im letzteren Fall werden die Lenkwaffen unter Deck gelagert und über eine Rampe auf das Startgerät aufgebracht, wenn es die Einsatzlage erfordert. Der in Schweden konzipierte Gefechtskopf soll eine große Schlagkraft gegen Invasionen des Gegners von See her aufweisen.

# Redeye (MIM-43A) USA

**Boden-Luft-Lenkwaffe; in Truppendienst.** Schwedische Armeebezeichnung RB69.
**Hauptauftragnehmer:** General Dynamics Corporation, Electro Dynamic Division.
**Antrieb:** Doppelschub-Feststoff-Raketenmotor der Atlantic Research Corporation.

**Zelle:** Zylindrischer Rumpf mit ausklappbaren, kreuzförmig angeordneten Heckflossen und Bug-Leitflächen. Verglaster Bug, darunter Infrarot-Suchgerät.
**Lenkung und Steuerung:** In der Anfangsphase des Fluges optische Zielsuche, in der Endphase Infrarot-Zielsuche.
**Gefechtskopf:** Hochexplosiv.
**Länge (Abschußbehälter):** 1,22 m
**Rumpfdurchmesser:** 0,07 m
**Systemgewicht:** 13,15 kg
**Marschgeschwindigkeit:** Überschallbereich

## ENTWICKLUNG UND TRUPPENDIENST

Nachdem sie die US Army von der Durchführbarkeit eines Waffensystems wie die Redeye überzeugt hatte, erhielt die Convair-Pomona Division (heute das Werk Pomona der Electro Dynamic Division von General Dynamics) im August 1959 einen Entwicklungsauftrag. Die Serienfertigung lief 1964 an und erreichte schließlich einen Monatsausstoß von 1000 Stück, die für die US Army und das US Marine Corps bestimmt waren. Jedes mit Panzerfahrzeugen ausgerüstete Artillerie- und Infanteriebataillon der US Army in Europa besitzt auch eine Redeye-Abteilung, die aus einem Offizier, einem Sergeant und vier bis sechs aus je zwei Mann bestehenden Bedienmannschaften besteht. Die Redeye ist auch in den Armeen Australiens und Schwedens die Standardwaffe. Die Serienfertigung wurde im Fiskaljahr 1970 eingestellt.

Das extrem kompakte Redeye-Waffensystem besteht aus dem verschlossenen Startbehälter, in dem die Lenkwaffe transportiert wird, und einem von außen unabhängigen optischen Visier- und Schußgerät, das auf dem Startbehälter montiert ist. Letztere Tatsache macht die Redeye sehr leicht transportierbar – sie kann von nur einem Mann im Gefechtsfeld und in unwegsamem Gelände getragen werden. Die Redeye ist besonders in Höhen und Entfernungen gegen gegnerische Flugzeugangriffe einzusetzen, die für die wirksame Verteidigung der Gefechtspositionen der Army und den amphibischen Operationen des Marine Corps abgeschirmt werden müssen. Erblickt der Operator ein Feindflugzeug, dann erfaßt er es mit dem optischen Visier und schaltet das Lenksystem der Waffe ein. Er wird durch einen Summton darauf aufmerksam gemacht, daß die Lenkwaffe feuerbereit ist. Die Startladung wirft die Lenkwaffe aus dem Startbehälter aus. Ist die Redeye weit genug von der Bedienmannschaft entfernt, daß diese nicht mehr durch die heißen Abgase verletzt werden kann, so zündet das Marschtriebwerk und befördert die Lenkwaffe ins Ziel.

## Red Top — Großbritannien

**Luft-Luft-Lenkwaffe; in Truppendienst.**

**Hauptauftragnehmer:** Hawker Siddeley Dynamics Ltd.
**Antrieb:** Feststoff-Raketenmotor.
**Zelle:** Zylindrischer Rumpf mit festen, kreuzförmig angeordneten Flächen, die mit den ebenfalls kreuzförmig angeordneten, dreieckigen Hecksteuerflächen fluchten. Halbkugelförmige Bugverglasung.
**Lenkung und Steuerung:** Infrarot-Zielsuch-Lenksystem. Steuerung über Heckflächen.
**Gefechtskopf:** Hochexplosiv, Gewicht 31 kg.
**Länge:** 3,50 m
**Rumpfdurchmesser:** 0,225 m
**Spannweite:** 0,91 m
**Gewicht:** Geheim.
**Marschgeschwindigkeit:** Mach 3
**max. Reichweite:** 11 km

### ENTWICKLUNG UND TRUPPENDIENST

Die Red Top wurde anfänglich – damals noch unter der Programmbezeichnung Firestreak Mk.4 – entwickelt, um die Beschränkungen, denen die ersten Verfolgungskurs-Lenkwaffen unterlagen, zu überwinden. Das gegenüber der Firestreak wesentlich verbesserte Infrarot-Lenksystem der Red Top ermöglicht es dem Piloten im Trägerflugzeug, sie aus be-

Installation von Red Top auf einer Sea Vixen.

liebiger Richtung gegen das Ziel abzuschießen – sogar direkt von vorn. Die größer dimensionierten Stabilisierungs- und Steuerflächen erhöhen ferner die Manövrierbarkeit gegenüber der Firestreak in allen Höhenbereichen. Die Leistungen wurden durch Verwendung eines schubstärkeren Raketenmotors angehoben, und auch der Gefechtskopf ist schwerer als bei der Firestreak. Die Red Top läßt sich als Alternativbewaffnung zur Firestreak auf folgenden Flugzeugmustern mitführen: auf den Lightning F Mk 3 und Mk 6-Interzeptoren der RAF und auf den Sea Vixen FAW Mk 2 der Royal Navy.

# Roland Frankreich/Bundesrepublik Deutschland

**Boden-Luft-Lenkwaffe geringer Reichweite; in Serienbau.**

**Hauptauftragnehmer:** Aérospatiale, Division Engins Tactiques (Frankreich) und Messerschmitt-Bölkow-Blohm GmbH (Bundesrepublik).
**Antrieb:** Zweistufiger Feststoff-Raketenmotor.
**Zelle:** Schlanker zylindrischer Rumpf mit spitz zulaufendem Bug. Feste, kreuzförmig angeordnete Vorflächen, die mit den ebenfalls kreuzförmig angeordneten Deltaflächen fluchten, die bei Verlassen des Startbehälters aus dem Rumpf ausfahren.
**Lenkung und Steuerung:** Funk-Fernlenkung mit optischem Visier- und Infrarot-Zielsuchsystem. Steuerung über Leitflächen im Abgasstrahl des Marschtriebwerks.
**Gefechtskopf:** Hochexplosiv, mit Annäherungszünder.
**Länge:** 2,40 m
**Rumpfdurchmesser:** 0,16 m
**Spannweite:** 0,50 m
**Startgewicht:** 63 kg
**Marschgeschwindigkeit:** Mach 1,6
**Reichweitengrenzen:** 500 bis 6000 m

## ENTWICKLUNG UND TRUPPENDIENST

Die Roland, die aus einem Startrohr von mittelschweren gepanzerten Fahrzeugen zum Abschuß gelangt, soll für die Gefechtsfeld-Verteidigung gegen Hubschrauber und niedrig fliegende Flugzeuge einer Geschwindigkeit bis Mach 1,3 verwendet werden. Sie gehört zu einer ganzen Familie taktischer Lenkwaffen, die gemeinsam von der Aérospatiale und von MBB für die Streitkräfte Frankreichs und der Bundesrepublik entwickelt wird. Schießversuche mit der Roland laufen seit 1968. Im Dezember 1970 wurden vier Roland gegen einen CT.20-Zielflugkörper abgefeuert. Sämtliche Lenkwaffen fingen die CT.20 ab und die letzte, die mit einem echten Gefechtskopf ausgerüstet war, zerstörte sie. Die Einsatzbewertung wurde 1971 abgeschlossen. Das gegenwärtige französische Rüstungsbudget sieht die Beschaffung von 65 Roland-Systemen bis 1975 vor. Die Roland-Lenkwaffe wird von einem Doppel-Startgerät, das zusammen mit dem Impuls-Doppler-Überwachungs- und Suchradar auf den französischen Kampffahrzeugen AMX-13 oder AMX-30 oder auf dem deutschen SPZ-Panzer montiert wird, zum Abschuß gebracht. Der Transportbehälter dient auch als Startcontainer und wird von einem Hydrauliksystem jedes Mal, nachdem eine Lenkwaffe gestartet wurde, in die Startanlage eingebracht. Nachdem ein Ziel im Azimut vom Radar lokalisiert wurde, erfaßt es der Lenkwaffen-Operator auch in der Elevation und verfolgt es mit dem optischen Visiersystem. Sein Fernrohrvisier ist an

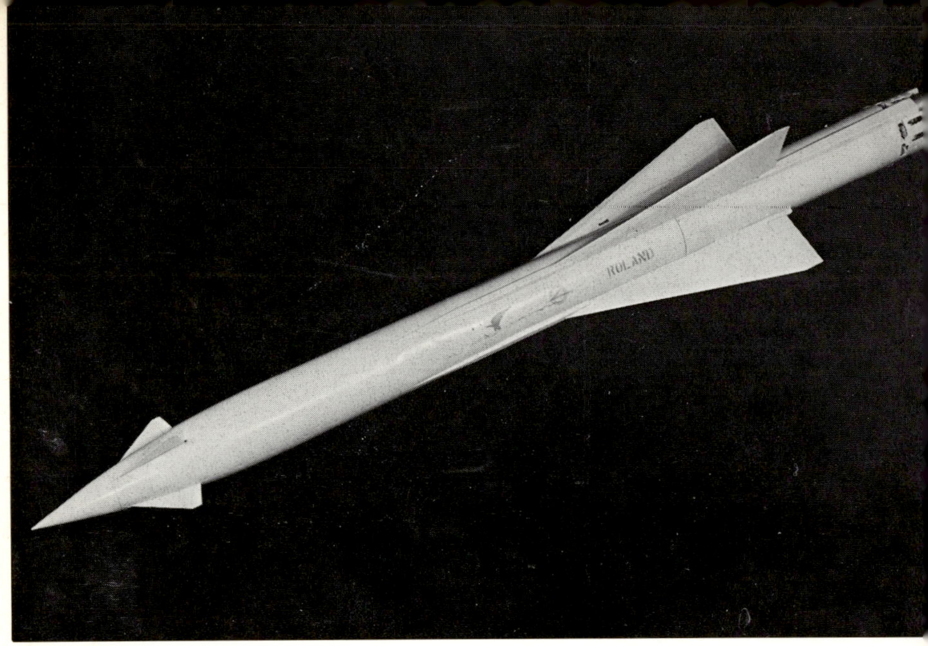


Boden-Luft-Lenkwaffe Roland.

das Infrarot-Verfolgungssystem der Lenkwaffe und an einen Computer angeschlossen, der die ihm eingegebenen Daten verarbeitet und die entsprechenden Kommandosignale an die Lenkwaffe weitergibt, um sie auf dem Visierlinien-Kurs in Richtung Ziel zu halten.
Die Firma MBB hat darüber hinaus ein Radar-Lenkgerät entwikkelt, das das Grundsystem ergänzt und Allwetter-Betrieb ermöglicht. Dieses Gerät wurde auf eine spezielle Forderung der deutschen Stellen hin geschaffen. Diese Version, die als Roland 2 bekannt ist, ist auch als schiffgestützte Variante Roland 2M erhältlich.

## Safeguard — USA

**Anti-ballistisches Lenkwaffen-Verteidigungssystem; in Serienbau.**

**Hauptauftragnehmer:** Western Electric Company, Inc.

### ENTWICKLUNG UND TRUPPENDIENST

In den USA begann man in der Mitte der fünfziger Jahre mit der Entwicklung eines ABM-Verteidigungssystems (ABM = Anti-Ballistic Missile = Lenkwaffe gegen ballistische Lenkwaffenangriffe), um der wachsenden Bedrohung durch die sowjetische Interkontinentalraketen-Streitmacht entgegenzutreten. Dieses Programm, das im Lauf seines Fortschreitens die Bezeichnungen Nike-Zeus, Nike-X, Sentinel und Safeguard erhielt, hat verschiedene wichtige Modifizierungsstufen durchlaufen, wobei die gewaltigen Kostensteigerungen dazu führten, daß jetzt

Roland-Doppel-Startanlage auf einem gepanzerten Fahrzeug der französischen Armee.

nur noch die amerikanischen Interkontinentalraketenbasen vor den Angriffen sowjetischer Wiedereintritts-Gefechtsköpfe (MIRV), Weltraumbomben und anderer Waffen geschützt werden sollen. Die gegenwärtig bewilligten Mittel sollen für den Schutz von zwei Minuteman-Stützpunkten auf der Malmstrom AFB im US-Bundesstaat Montana und auf der Grand Forks AFB in North Dakota verwendet werden. Ferner soll später eine dritte Safeguard-Installierung auf der Whiteman AFB in Missouri erfolgen. Vorbereitende Arbeiten, aber noch keine Bauvorhaben, wurden außerdem für eine Basis in der Nähe der Warren AFB in Wyoming genehmigt. Jeder Safeguard-Stützpunkt ist mit einem Perimeter Acquisition Radar (PAR, Erfassungsradar für die weitere Umgebung) ausgerüstet, das erste Zielverfolgungsdaten an die Feuereinheiten weitergibt, ferner mit einem Missile Site Radar (MSR, Radar für den Stützpunktbereich), das diese Zieldaten ergänzt und präzisiert und die Flugbahn der gestarteten Abwehrlenkwaffen bis zum Abfangen der anfliegenden gegnerischen Interkontinentalraketen-Wiedereintrittskörper kontrolliert, sowie mit den Lenkwaffen Sprint (siehe Seite 205) und Spartan (Seite 204), die in der Nähe der Basen abgefeuert werden. Weitere Sprint-Lenkwaffen werden an vier RLS (Remote Launch Sites – entlegenen Startgeländen) in der Nähe des MSR zur Aufstellung gebracht. Schießversuche mit beiden Safeguard-Lenkwaffenmustern Sprint und Spartan verliefen erfolgreich. Die Safeguard-Basis in Grand Forks soll 1974 einsatzbereit sein.

## Sagger

## UdSSR

**Panzerbekämpfungs-Lenkwaffe; in Truppendienst.**

**Antrieb:** Feststoff-Raketenmotor.
**Zelle:** Kurzer zylindrischer Rumpf mit konischem Bug. Im Heck kreuzförmig angeordnete Flächen, die an der Ansatzstelle am Rumpf gepfeilt, weiter außen jedoch ungepfeilt sind. Die Flächen werden für Lagerung und Transport gefaltet.
**Lenkung und Steuerung:** Drahtlenkung.
**Gefechtskopf:** Hochexplosiv.
**Länge:** 0,76 m

ENTWICKLUNG UND TRUPPENDIENST

Die Sagger, die neueste der drei Standardmuster kleiner, drahtgelenkter Panzerbekämpfungs-Lenkwaffen, die bei den Streitkräften der Sowjetunion und ihrer Alliierten im Einsatz sind, wurde zum ersten Mal im Mai 1965 öffentlich vorgeführt. Damals wurde sie an einem Sechsfach-Startgerät auf ei-

Sagger auf einem sowjetischen Schützenpanzer.

nem gepanzerten BRDM-Amphibienfahrzeug mitgeführt, das auch als Trägerfahrzeug für die Snapper (siehe Seite 201) und Swatter (Seite 225) dient. Diese Installation ist deshalb von Interesse, weil die Startanlage während des Transports durch eine gepanzerte Abdeckplatte geschützt wird, die sie im Fahrzeug verbirgt. Wird die Startanlage für den Einsatz hochgefahren, so bleibt die Panzerplatte an ihrem Platz über der Startanlage, was einen weiteren Schutz bedeutet. Ferner wird die Sagger in einem Exemplar auf dem gepanzerten Schützenpanzer BMP (Fassungsvermögen acht Mann) mitgeführt, wo sie auf einer Startschiene über der 76 mm-Kanone angebracht ist. Dieses Fahrzeug, das zum ersten Mal 1967 gesehen wurde, ist inzwischen zum Standard-Schützenpanzer der Staaten des Warschauer Paktes geworden.

## SAM-D — USA

**Boden-Luft-Lenkwaffensystem; in Entwicklung.**

**Hauptauftragnehmer:** Raytheon Company.
**Antrieb:** Einstufiger Feststoff-Raketenmotor Thiokol TX-486.
**Zelle:** Zylindrischer Rumpf mit spitz zulaufendem Bug. Kreuzförmig angeordnete Hecksteuerflächen.
**Lenkung und Steuerung:** Fernlenkung mit halbaktiver Zielsuche in der Endphase.
**Gefechtskopf:** Hochexplosiv.
**Länge:** 5,18 m
**Rumpfdurchmesser:** 0,41 m

### ENTWICKLUNG UND TRUPPENDIENST

Die Studienarbeiten bezüglich eines neuartigen Boden-Luft-Waffensystems mit der Projektbezeichnung SAM-D begannen im Jahre 1965, nachdem bereits früher Studienprogramme der US Army, die unter den Bezeichnungen Field Army Ballistic Missile Defense System (Ballistisches Gefechtsfeld-Verteidigungs-Lenkwaffensystem der Army) bzw. Army Air Defense System 70 (Luftverteidigungssystem der Army für die siebziger Jahre) bekannt geworden waren, durchgeführt wurden. Nach der Bewertung der verschiedenen Konkurrenzentwürfe der Industrie erhielt Raytheon im Mai 1967 einen Vertrag zugesprochen, der für die Dauer eines Jahres die fortgeschrittenen Entwicklungsarbeiten an der SAM-D regelte, die als Nachfolgemuster der Hawk und Nike Hercules gedacht ist. Folgeaufträge betrafen die Vor-

Zeichnung einer SAM-D-Batterie.

führung eines geeigneten fortgeschrittenen Lenksystems, die Funktion des Radars in verschiedenen Betriebsarten und die aerodynamische Eignung der Lenkwaffe, und mündeten 1971 in die Demonstration der vollen Leistungsfähigkeit der Feuerleit-Baugruppe ein.

Die Lenkwaffe und ihr Transport- bzw. Startbehälter wurden von der Martin Marietta Corporation – im Unterauftrag von der Firma Raytheon – entwickelt. Jedes SAM-D-Ketten-Startfahrzeug soll einige Lenkwaffen im Container mitführen, die entweder einzeln oder in kurz aufeinanderfolgenden Salven

Schießversuch mit einer SAM-D.

abgefeuert werden können – je nach Wunsch mit wählbaren Azimut- und Elevationswerten. Im gefechtsmäßigen Einsatz wird eine Feuerabteilung vier Fahrzeuge umfassen, darunter ein Feuerleit-Fahrzeug mit Radar, Radar- und Waffen-Kontrollcomputer, Nachrichten- und Energieversorgungsstation. Das Mehrfach-Funktions-Radar erfaßt die Ziele, verfolgt sie und die Überschall-Lenkwaffe im Flug und gibt entsprechende Führungskommandos an das Steuerungssystem der Waffe.

## Samlet UdSSR

**Boden-Boden-Lenkwaffe; in Truppendienst.**

**Antrieb:** Strahltriebwerk.
**Zelle:** Metallrumpf mit Kreisquerschnitt, halbkugeligem Radom über dem Lufteinlauf im Bug und gepfeilten Mitteldecker-Flügeln, von denen jeder mit zwei Grenzschichtzäunen ausgerüstet ist. Gepfeiltes Höhenleitwerk auf halber Höhe der Seitenflosse.
**Lenkung und Steuerung:** Wahrscheinlich Leitstrahl-Radar oder Funk-Fernlenkung mit Radarzielsuche in der Endphase. Aerodynamische Steuerflächen.
**Gefechtskopf:** Hochexplosiv.
**Länge:** 8,2 m
**Spannweite:** 4,9 m
**max. Reichweite:** 100 km

### ENTWICKLUNG UND TRUPPENDIENST

Diese Unterschall-Lenkwaffe ist eine Boden-Boden-Version der Luft-Boden-Waffe Kennel (siehe Seite 94). Sie unterscheidet sich nur geringfügig von dieser und wird – hauptsächlich für die Küstenverteidigung – von den Streitkräften der Sowjetunion, Polens und Kubas eingesetzt.

# Sandal (SS-4) UdSSR

**Boden-Boden-Lenkwaffe mittlerer Reichweite; in Truppendienst.**

**Antrieb:** Flüssigtreibstoff-Raketentriebwerk. Kein Starttriebwerk.
**Zelle:** Zylindrischer Metallrumpf mit um die Düse herum aufgedickter Verkleidung und kleinen, kreuzförmig angeordneten Flossen im Heck. Spitz zulaufender Bugkonus.
**Lenkung und Steuerung:** Wahrscheinlich Funk-Trägheitslenksystem. Steuerung über Ruder an der Hinterkante der Heckflossen und Leitflächen im Raketen-Abgasstrahl.
**Gefechtskopf:** Entweder nuklear oder hochexplosiv.
**Länge:** 20,8 m
**max. Rumpfdurchmesser:** 1,60 m
**Startgewicht:** 27 200 kg
**Höchstgeschwindigkeit:** 6900 km/h
**max. Reichweite:** 1 750 km

## ENTWICKLUNG UND TRUPPENDIENST

Nach ersten Schießversuchen mit erbeuteten deutschen V-2-Raketen nach Ende des Zweiten Weltkrieges entwickelte die Sowjetunion eine verbesserte Version der V-2, die den NATO-Streitkräften als SS-3 Shyster bekannt ist. Diese wies gegenüber ihrem Ausgangsmuster einen längeren zylindrischen Rumpf auf, der eine größere Treibstoffkapazität im Gefolge hatte, und wurde erstmals im November 1957 auf einer Parade durch Moskau gezeigt. Der SS-3-Transporter wurde von einem Kettenfahrzeug gezogen, auf dem auch die Bedienmannschaften mitgeführt wurden.
1961 wurde zum ersten Mal eine weiter verbesserte Variante gezeigt, die im Westen als SS-4 Sandal bekannt ist und einen längeren Rumpf hat, wodurch Treibstoff-

kapazität und Reichweite erneut angehoben wurden. Die SS-4 kann man leicht an ihrem um die Düse herum aufgedickten Rumpf und den kleineren Heckflossen erkennen. Der Sandal-Transporter wird von dem gleichen Fahrzeug wie die Shyster gezogen. Das Gesamt-Lenkwaffensystem besteht neben dem Zugfahrzeug noch aus anderen Zug- und Schlepperfahrzeugen, auf denen Bodenausrüstung und Treibstoff befördert werden.

Die Sandal hat inzwischen die Shyster als Standard-Interkontinentalrakete der Sowjetunion abgelöst. Sie hat in modifizierter Form in großem Maßstab als Satelliten-Trägerrakete gedient. 600 Sandal stehen heute noch im Einsatz. Etwa 10 Prozent davon sind gegen die Volksrepublik China und Japan gerichtet, während die Hauptstreitmacht Ziele in Westeuropa abdecken soll. Als US-Aufklärungsflugzeuge die geplante Aufstellung von Sandal-Lenkwaffeneinheiten auf Kuba meldeten, ergab sich im Jahre 1962 die sowjetisch-amerikanische Kuba-Konfrontation, die schließlich durch den Abzug der Lenkwaffen bereinigt wurde.

## Sark (SS-N-4) UdSSR

**Unterwasser-Boden- oder Boden-Boden-Lenkwaffe; in Truppendienst.**

**Antrieb:** Feststoff-Raketenmotoren mit sieben zylindrischen Erststufen-Düsen.
**Zelle:** Wahrscheinlich Zweistufen-Auslegung. Im wesentlichen zylindrischer Rumpf. Zweitstufe hat etwas geringeren Durchmesser als Erststufe. Stumpfer Bugkonus. Keine Flossen oder Steuerflächen.
**Gefechtskopf:** Nuklear.
**Länge:** 14,50 m
**max. Rumpfdurchmesser:** 1,75 m
**Gewicht und Leistungen:** Unbekannt.

### ENTWICKLUNG UND TRUPPENDIENST

Dieses sowjetische Gegenstück der ersten Generation zur Polaris (siehe Seite 136) wurde erstmals auf einer Parade durch Moskau am 7. November 1962 gezeigt. Der Kommentator erklärte damals, daß diese Lenkwaffe entweder unter

Wasser oder von Land aus zum Abschuß gelangen könne. Die vorspringenden Teile an beiden Seiten der Verkleidung sollen, so nimmt man an, zur Ausrichtung der Lenkwaffe in ihrem Abschußrohr an Bord des U-Bootes dienen.
Vor dem diplomatischen Bruch zwischen der UdSSR und China wurde ein U-Boot der G-Klasse mit drei Lenkwaffen-Startrohren an die chinesische Marine ausgeliefert. Die Lenkwaffen, die von diesem U-Boot mitgeführt werden, sollen eine Reichweite von ca. 600 km haben. Man nimmt an, daß es sich dabei um Sark-Lenkwaffen handelt.

## Sasin (SS-8) UdSSR

**Von UdSSR-Sprechern als ballistische Interkontinentalrakete bezeichnet. Wahrscheinlich handelt es sich um keine einsatzreife Waffe.**

**Antrieb:** Flüssigkeitstreibstoff-Raketenmotoren (lagerfähig).
**Zelle:** Zweistufen-Auslegung. Beide Stufen sind zylindrisch. Übergangsverkleidung zwischen Erststufe und Zweitstufe geringeren Durchmessers. Stumpfer Bugkonus. Keine Flossen oder Steuerflächen.
**Gefechtskopf:** Thermonuklear.
**Länge:** 24,40 m
**Rumpfdurchmesser (Erststufe):** 2,75 m
**max. Reichweite:** 10500 km

### ENTWICKLUNG UND TRUPPENDIENST

Obwohl diese Rakete anläßlich verschiedener Moskauer Paraden von November 1964 an vorgeführt wurde, wurde sie in letzter Zeit nicht mehr gesehen. Es ist nicht anzunehmen, daß sie je in den Einsatz gehen wird. Andererseits führt sie die Lenkwaffenbezeichnung SS-8, und das internationale Institut für strategische Studien führt immer noch insgesamt 220 Interkontinentalraketen des SS-8- und und des ähnlichen SS-7-Saddler-Typs in der gegenwärtigen sowjetischen Langstrecken-Streitmacht auf. Wenn diese Angaben korrekt sind, dann könnte man annehmen, daß die Sasin einen thermonuklearen Gefechtskopf einer Sprengkraft von fünf Megatonnen mitführen kann.

# Savage (SS-13) — UdSSR

**Ballistische Interkontinental-Lenkwaffe; in Serienbau und Truppendienst.**

**Antrieb:** Drei Feststoff-Raketenstufen mit je vier Düsen.
**Zelle:** Dreistufen-Auslegung mit Verstrebungsstruktur zwischen einzelnen Stufen. Jede Stufe hat zylindrischen Rumpf. Geringerer Durchmesser der einzelnen Stufen in Richtung Bug. Aufgedickter Rumpfteil über Raketendüsen. Spitzer Rumpfkonus.
**Gefechtskopf:** Thermonuklear oder nuklear.
**Länge:** 20,00 m
**Rumpfdurchmesser (nicht im Düsenbereich):** Erststufe 1,68 m, Zweitstufe 1,40 m, Drittstufe 0,98 m.
**max. Reichweite:** 8000 km

## ENTWICKLUNG UND TRUPPENDIENST

Dieses sowjetische Gegenstück zur Minuteman wurde zum ersten Mal auf der Moskauer Militärparade am 9. Mai 1965 gezeigt, anläßlich derer der 20. Jahrestag des Endes des Zweiten Weltkrieges in Europa gefeiert wurde. Man beabsichtigt zweifellos, mit der SS-13 die mit lagerfähigem Flüssigtreibstoff-Raketentriebwerk ausgerüsteten SS-11 abzulösen. Man nimmt an, daß 1971 bis zu 100 Einheiten der SS-13 einsatzbereit waren. Die Schießversuche von Tyuratam in Kasachstan in Richtung Pazifik werden fortgeführt. Zwei SS-13, die von US-Stellen im November 1970 erfaßt und verfolgt wurden, führten einen scharfen Einzel-Gefechtskopf über eine Reichweite von 7250 km mit sich. Die obersten beiden Stufen der Savage werden – ohne die Erststufe – im mobilen Scamp/Scapegoat-Lenkwaffensystem der Sowjetunion verwendet.

## Sawfly (SS-N-6) UdSSR

**Unterwasser-Boden- oder Boden-Boden-Lenkwaffe; in Truppendienst.**

**Antrieb:** Feststoff-Raketenmotoren mit vier Erststufen-Düsen.
**Zelle:** Wahrscheinlich Zweistufen-Auslegung. Zylindrischer Rumpf konstanten Durchmessers und stumpf zulaufender Bugkonus. Keine Flossen oder Flächen.

**Gefechtskopf:** Nuklear oder thermonuklear.

**Länge:** 12,80 m

**max. Rumpfdurchmesser:** 1,75 m

**Reichweite:** mindestens 2780 km

### ENTWICKLUNG UND TRUPPENDIENST

Keines der drei U-Boot-gestarteten ballistischen Lenkwaffenmuster, die seit 1962 an Moskauer Militärparaden teilgenommen haben, ist – so nimmt man im Westen an – wirklich einsatzreif. So ist auch wahrscheinlich der Bugkonus der Sawfly, obwohl gerade sie das schlagkräftigste Mitglied des sowjetischen U-Boot-gestarteten Trios zu sein scheint, nur eine für Erprobungszwecke verwendete Attrappe.

Die Sawfly ist beträchtlich größer als die Poseidon der US Navy, soll jedoch eine geringere Reichweite als diese aufweisen, da im allgemeinen die US-Raketentreibstoffe jenen, die bei den Sowjets Verwendung finden, immer noch überlegen sind. Die Verfügbarkeit dieses Trägers gibt der Sowjetunion jedoch eine gewaltige Angriffskapazität in die Hände. Nach Schätzungen existierten Anfang 1971 18 nukleargetriebene sowjetische U-Boote der Y-Klasse, von denen jedes mit 16 Sawfly-Lenkwaffen bestückt ist. Mitte der siebziger Jahre könnten mindestens 35 oder maximal 50 derartige U-Boote im Einsatz sein.

# SCAD USA

**Bewaffnete Unterschall-Störlenkwaffe; in Entwicklung.**

**Antrieb:** Strahltriebwerk.
**Lenkung und Steuerung:** Trägheitslenksystem mit Zielverfolgungshilfe in der Endphase.
**Gefechtskopf:** Nuklear.
**Entwurfsreichweite:** 1575 km

ENTWICKLUNG UND TRUPPENDIENST

Dieses Lenkwaffenprojekt der US Air Force wurde zweifellos durch den erfolgreichen Einsatz der Quail (siehe Seite140) angeregt. Die SCAD-Grundversion (SCAD = Subsonic Cruise Armed Decoy = Bewaffneter Störflugkörper mit Unterschall - Marschgeschwindigkeit) soll anfänglich Teil der ECM-Ausrüstung sein, die von den strategischen B-52 Stratofortress-Bombern mitgeführt wird (ECM = Electronic Countermeasures = Elektronische Gegenmaßnahmen). Später soll der Überschall-Schwenkflügelbomber North American Rockwell B-1 damit ausgerüstet werden. Ferner wurde eine unbewaffnete, mit SCUD bezeichnete Variante der SCAD zur Entwicklung vorgeschlagen.

# Scaleboard (SS-12) UdSSR

**Taktische Boden-Boden-Lenkwaffe; in Truppendienst.**

**Antrieb:** Flüssigtreibstoff-Raketenmotor (lagerfähig).
**Zelle:** Zylindrischer Rumpf mit stumpf zulaufendem Bugkonus und entweder Heckflossen oder Schwenkdüsen zur Steuerung.
**Lenkung und Steuerung:** Wahrscheinlich Trägheitslenkung. Das zugehörige Gerät wird einem Geräteraum zwischen den beiden Innenrädern auf der linken Seite des Transportfahrzeugs entnommen und vor dem Start in der Lenkwaffe montiert.
**Gefechtskopf:** Wahrscheinlich thermonuklear.
**Länge:** 11,25 m
**max. Reichweite:** 725 km

ENTWICKLUNG UND TRUPPENDIENST

Diese mobile ballistische Lenkwaffe, die zum ersten Mal im November 1967 gezeigt wurde, hat ungefähr die gleiche Länge wie Scud-B (siehe Seite 176) und wird auf einem ähnlichen Achtrad-Aufricht- und Startfahrzeug des Typs MAZ-543 befördert. Sie hat allerdings größeren Durchmesser als die Scud-Reihe, was auf höhere Reichweitenleistung schließen läßt, und unterscheidet sich ferner dadurch von dieser, daß sie in einem geriffelten Startbehälter untergebracht ist, der zusammen mit der

Lenkwaffe in Abschußposition aufgerichtet wird. Bisher wurden noch keine Fotos veröffentlicht, die die Lenkwaffe ohne diese Verkleidung gezeigt haben. Während des Transports sitzt der Fahrer des Fahrzeugs in der linken vorderen Kabine, während der Lenkwaffen-Operator und seine Bedienkonsole in der rechten Kabine untergebracht sind. Mindestens drei Mann des Start-Teams finden jeweils im hinteren Teil der beiden Kabinen Platz. Ein wachsender Anteil der insgesamt 300 ballistischen Kurzstreckenraketen, die heute im Dienst der sowjetischen Landstreitkräfte stehen, entfällt wahrscheinlich auf die Scaleboard.

# Scamp/Scapegoat (SS-14) UdSSR

**Mobiles ballistisches Boden-Boden-Lenkwaffensystem; in Truppendienst.** Die Daten beziehen sich auf die Scapegoat.

**Antrieb:** Feststoff-Raketenmotoren mit vier Düsen pro Stufe.
**Zelle:** Zweistufen-Auslegung mit Verstrebungsstruktur zwischen den beiden Stufen. Beide Stufen haben einen zylindrischen Rumpf mit aufgedickten Verkleidungen über den Düsen. Der Durchmesser der Zweitstufe ist kleiner als der der Erststufe. Spitzer Bugkonus.

**Gefechtskopf:** Nuklear oder thermonuklear.

**Länge:** 10,60 m

**Rumpfdurchmesser (nicht im Düsenbereich):** Erststufe 1,40 m
Zweitstufe: 0,98 m.
max. Reichweite: 4000 km

## ENTWICKLUNG UND TRUPPENDIENST

Dieses auf Kettenfahrzeugen transportierte Waffensystem, das erstmals am 9. Mai 1965 an der Parade anläßlich des 20. Jahrestages des Endes des Zweiten Weltkrieges teilnahm, wurde von westlichen Beobachtern mit dem Scherznamen »Eiserne Jungfrau« belegt. Dies bringt recht gut zum Ausdruck, daß die Lenkwaffe in einem Behälter eingeschlossen ist, der aus zwei Hälften besteht, die um die Längsachse aufgeklappt werden. Für den Einsatz bringt je ein massiver Hydraulik-Heber zu beiden Seiten des Fahrzeughecks den Behälter in eine senkrechte

Position. Dann wird der Behälter geöffnet und weggefahren, bevor die Lenkwaffe zum Abschuß gelangt.

Lange Jahre war die Auslegung der Lenkwaffe, die in diesem Ketten-Aufricht- und Startfahrzeug mitgeführt wurde, nicht bekannt. Dem kompletten Waffensystem wurde deshalb der NATO-Code-Name Scamp gegeben. Der separate Name Scapegoat wurde dann einer Zweistufen-Mittelstreckenrakete verliehen, die erstmals 1967 auf einem Sattelschlepper an einer Moskauer Parade teilnahm. Damals war man der Meinung, diese Lenkwaffe bestehe aus den beiden oberen Stufen der als Savage bekannten sowjetischen Interkontinentalrakete (siehe Seite 165). Erst später ging aus öffentlichen sowjetischen Filmen über Lenkwaffenübungen hervor, daß die Scapegoat identisch mit jener Lenkwaffe war, die im Scamp-Container befördert wurde. Der ursprünglich verwendete Kettenfahrzeugtyp war nur durch ein verbessertes Modell, das jenem für das Scrooge-Waffensystem ähnlich ist, ersetzt worden (siehe Seite 174). Wie Scrooge soll auch das Scamp/Scapegoat-System in der Nähe von Buir Nor in der Äußeren Mongolei, an der Grenze zur Volksrepublik China, zur Aufstellung gelangt sein.

# Scarp (SS-9/FOBS) UdSSR

**Ballistische Interkontinental-Lenkwaffe und Weltraum-Bombensystem; in Serienbau und Truppendienst.**

**Antrieb:** Flüssigtreibstoff-Raketenmotoren. Ein Ring von sechs Düsen der Erststufe ist umgeben von vier schwenkbaren äußeren Düsen.
**Zelle:** Zylindrischer Rumpf konstanten Durchmessers, der sich zur Spitze hin verjüngt und dann in den zylindrischen Wiedereintrittskörper viel geringeren Durchmessers übergeht. Keilförmige Verkleidungen der schwenkbaren Düsen im Heck. Keine Flossen oder Flächen.
**Gefechtskopf:** Mindestens drei Alternativ-Gefechtsköpfe wurden erprobt: ein einzelner 20 bis 25 Megatonnen-Gefechtskopf, ein ungelenkter Mehrfachgefechtskopf aus drei separaten Wiedereintrittskörpern (je fünf Megatonnen Sprengkraft) und die Weltraumbombe FOBS (Fractional Orbiting Bombardment System). Ein weiterer Mehrfach-Gefechtskopf steht in Entwicklung.
**Länge:** 34,50 m
**Rumpfdurchmesser:** 3,05 m
**max. Reichweite:** ca. 8800 km

## ENTWICKLUNG UND TRUPPENDIENST

Die Scarp ist die schlagkräftigste Waffe, von der je auf der Welt Näheres bekannt wurde. Sie besitzt einen thermonuklearen Gefechtskopf einer Sprengkraft von 20 bis 25 Tonnen und wurde erstmals auf der Parade durch Moskau am 7. November 1967 vorgeführt, die in Erinnerung an den 50. Jahrestag

der Oktoberrevolution veranstaltet wurde. Vier Tage vorher hatte der amerikanische Verteidigungsminister die Existenz einer sowjetischen „Weltraumbombe“ bekanntgegeben, die zum ersten Mal am 25. Januar 1967 erprobt wurde – unter dem Decknamen des Cosmos 139-Satelliten. In einer Reihe von darauffolgenden Tests wurden die Weltraumbomben-Attrappen optisch vom Royal Aircraft Establishment in Farnborough gesichtet. Sie sollen ca. 2 m Länge und einen Durchmesser von 1,20 m aufweisen. Die „Weltraumbomben“-Version der Scarp ist in den USA als FOBS bekannt (Fractional Orbiting Bombardment System = Bombensystem in einer teilweisen Erdumlaufbahn). Diese Bezeichnung deutet darauf hin, daß die Rakete ihre thermonukleare Nutzlast in eine Erdumlaufbahn von 160 km Höhe einbringt. Auf einem vorbestimmten Punkt dieser Bahn, bevor noch der erste Orbitumlauf beendet wird, soll die Nutzlast von Bremsraketen abgebremst werden, so daß sie präzise ins Ziel gesteuert werden kann. Als Alternative zu ihrem großen Einzel-Gefechtskopf kann die SS-9-Interkontinentalrakete auch einen einfachen ungeführten Mehrfach-Wiedereintrittskörper mit sich führen, der aus drei kleineren Gefechtsköpfen besteht. Während der 1970 durchgeführten Erprobung, die von US-Aufklärungssatelliten und Marine-Schiffen beobachtet wurden, legte ein derartiger Gefechtskopf eine Entfernung von 8800 km zurück und trat mit seinen drei nicht scharfen Teilen in die Atmosphäre ein, worauf diese ca. 180 km voneinander entfernt zu Boden gingen. Das ist die gleiche Entfernung, in der drei typische amerikanische Startsilos für die Minuteman-Interkontinentalraketen angeordnet sind. Es besteht auch Anlaß zu glauben, daß die Scarp als Trägerfahrzeug für die Cosmos-Satelliten gedient hat, die andere Testsatelliten in der Umlaufbahn zerstört haben. Ungefähr ein Viertel des Interkontinentalraketen - Bestandes der Sowjetunion von 1200 Stück bestand Ende 1970 aus SS-9-Lenkwaffen.

# Scrag UdSSR

**Als ballistische Interkontinentalrakete vorgestellt. Man nimmt nicht an, daß es sich um eine einsatzreife Waffe handelt.**

**Antrieb:** Flüssigtreibstoff-Raketenmotoren. Vier Düsen an der Erststufe, eine Düse an der Zweitstufe und eine kleinere Düse an der Drittstufe.
**Zelle:** Dreistufen-Auslegung. Abstrebungsstruktur zwischen den einzelnen Stufen. Jede Stufe ist zylindrisch. Erststufe besitzt aufgedickten Bereich um die Düse. Spitz zulaufender Bug und darunter Wiedereintrittskörper an der kurzen Drittstufe. Keine Flossen oder Flächen.
**Lenkung und Steuerung:** Steuerung der Erststufe über vier schwenkbare Raketendüsen.
**Länge:** 36,50 m
**Rumpfdurchmesser:** Erststufe (an Düsenverkleidung) 2,85 m, Zweitstufe 2,70 m, Drittstufe 2,35 m.
**max. Reichweite:** 8000 km

## ENTWICKLUNG UND TRUPPENDIENST

Als die Scrag zum ersten Mal am 9. Mai 1965 in Moskau gezeigt wurde, wurde sie als „Schwesterfahrzeug" der Trägerrakete von Juri Gagarins Wostok-Raumfahrzeug bezeichnet. Sie ähnelt, wenn man einen oberflächlichen Vergleich anstellt, auch jenen Trägerraketen, die viele andere sowjetische wissenschaftliche Raumfahrzeuge in eine Umlaufbahn gebracht haben, darunter Wosschod, Sojus und die Venus-Sonden. Es besteht jedoch keine Klarheit darüber, daß die Scrag bereits als Interkontinentalrakete in den Einsatz gegangen ist oder als solche auch nur erprobt wurde, obwohl die Sowjets sie als Waffensystem bezeichnet haben. Der Wiedereintrittskörper würde jedenfalls groß genug sein, um einen gewaltigen thermonuklearen Sprengkopf aufzunehmen, wenn die Scrag in den militärischen Dienst gestellt würde.

# Scrooge

# UdSSR

**Mobiles strategisches Waffensystem; in Truppendienst.**

**Gefechtskopf:** Thermonuklear oder nuklear.

**Startbehälterlänge:** 18,90 m
**Startbehälterdurchmesser:** 2,00 m
**max. Reichweite:** 5600 km

## ENTWICKLUNG UND TRUPPENDIENST

Trotz der offensichtlichen Ähnlichkeit in ihrer Auslegung zum Waffensystem Scamp/Scapegoat (siehe Seite 169) gehört die Scrooge zu den unbekannteren strategischen Lenkwaffen der Sowjetunion. Der Behälter, in dem die Lenkwaffe untergebracht ist, wird vor dem Abschuß in senkrechte Position gebracht, wird jedoch nicht geöffnet, sondern dient als Startbehälter. Aus seiner Länge kann man schließen, daß auch die Scrooge beträchtlich länger als die Scapegoat ist und deshalb auch eine größere Reichweite aufweisen dürfte als diese. Man weiß jedoch wenig mehr über die Scrooge, als daß sie im Dienst der ersten Linie in der Nähe von Buir Nor, an der Grenze zwischen der Äußeren Mongolei und der Volksrepublik China, steht.

## Scrubber UdSSR

**Schiffgestützte Lenkwaffe; in Truppendienst.**

**Zelle:** Flugzeug-Auslegung; größer als die Styx (siehe Seite 150).
**Gefechtskopf:** Hochexplosiv.
**Länge:** 7,60 m
**max. Reichweite:** 240 km

ENTWICKLUNG UND TRUPPENDIENST

Obwohl die Scrubber eine der ersten Lenkwaffen war, die an Bord sowjetischer Marineschiffe zum Einsatz gelangte, ist nur sehr wenig über sie bekannt. In einem „Leitfaden der sowjetischen Marine", der vom US Naval Institute in Annapolis herausgegeben wurde, wird die Annahme vertreten, daß die Scrubber auf der deutschen V-1 aus dem Zweiten Weltkrieg basiert. Auch die Länge und die Reichweitenleistung, die oben angegeben werden, sind diesem Bericht entnommen. Die Scrubber ist in einem großen Transport- bzw. Startbehälter untergebracht, der auf einer Abschußrampe am Hinterdeck der vier sowjetischen Schiffe der Kildin-Klasse installiert ist. Die fünf Zerstörer der Krupny-Klasse sind mit je zwei ähnlichen Startanlagen am Vorder- und Hinterdeck ausgerüstet.

## Scud-A (SS-1b) UdSSR

**Boden-Boden-Lenkwaffe; in Truppendienst.**

**Antrieb:** Flüssigtreibstoff-Raketenmotor (lagerfähig).
**Zelle:** Zylindrische einstufige Metallstruktur mit beweglichen, kreuzförmig angeordneten Heckflossen und spitz zulaufendem Bugkonus.
**Lenkung und Steuerung:** Nach Berichten Fernlenksystem, das wahrscheinlich durch ein einfaches Trägheitslenksystem ersetzt wurde. Steuerung über Heckflossen.
**Gefechtskopf:** Nuklear, möglicherweise mit hochexplosivem Kopf als Alternative.
**Länge:** 10,66 m
**Rumpfdurchmesser:** 0,75 m
**Startgewicht:** 4500 kg
**Höchstgeschwindigkeit:** Mach 5
**max. Reichweite:** 130 km

ENTWICKLUNG UND TRUPPENDIENST

Diese schwere Artillerie-Rakete wurde der Öffentlichkeit erstmals im Jahre 1957 vorgeführt, übrigens zur gleichen Zeit wie die Frog-1 und Frog-2 (siehe Seite 54). Sie verwendet im Grund auch das gleiche Startfahrzeug wie Frog-1, unterscheidet sich jedoch von den Mitgliedern dieser Familie da-

Scud-A.

durch, daß sie ein einfaches Lenksystem besitzt. Das Gestell aus Metallrohren, auf dem die Scud-A auf dem Transportfahrzeug mitgeführt wird, ist Teil des Aufrichtsystems und dient gleichzeitig als Leiter, auf der man zum Gefechtskopf gelangen kann, wenn die Lenkwaffe vor dem Start bereits aufgerichtet wurde. Die Einsatzvorbereitungen sollen mehr als eine Stunde in Anspruch nehmen, nachdem das Waffensystem die Abschußstelle erreicht hat. Die Scud-A tut auch in verschiedenen Staaten des Warschauer Paktes Dienst und ist in dieser Variante mit einem hochexplosiven Gefechtskopf ausgerüstet.

# Scud-B (SS-1c) — UdSSR

**Boden-Boden-Lenkwaffe; in Truppendienst.**

**Antrieb:** Flüssigtreibstoff-Raketenmotor (lagerfähig).
**Zelle:** Zylindrischer einstufiger Metallrumpf mit beweglichen, kreuzförmig angeordneten Heckflossen und spitz zulaufendem Bugkonus.
**Lenkung und Steuerung:** Wahrscheinlich einfaches Trägheitslenksystem. Steuerung über Heckflächen.
**Gefechtskopf:** Nuklear.
**Länge:** 11,25 m

ENTWICKLUNG UND TRUPPENDIENST

Diese verbesserte Version der Scud-A (siehe Seite vorher) ist größer als ihr Ausgangsmuster, hat dadurch mehr Tankraum und folglich eine höhere Reichweitenleistung. Sie wurde im November 1965 auf einer Moskauer Parade vorgeführt – auf dem damals neu herausgekommenen achträdrigen Transport-, Aufricht- und Startfahrzeug MAZ-543. Das Startgerüst für die Scud-B entspricht im wesentlichen jenem der Scud-A, hat jedoch seitlich angebrachte Leitern.

## Seacat (Schwedische Marine-Bezeichnung RB07) Großbritannien

**Schiffgestützte Boden-Luft- und Boden-Boden-Lenkwaffe geringer Reichweite; in Serienbau und Truppendienst.**

**Hauptauftragnehmer:** Short Brothers and Harland Ltd.
**Antrieb:** Zweistufiger Feststoff-Raketenmotor von IMI.
**Zelle:** Im wesentlichen zylindrischer Rumpf, der sich in einen breiteren vorderen Teil eher quadratischen Querschnitts ausweitet. Spitz zulaufender Bug. Schwenkbare, kreuzförmig angeordnete Pfeilflächen, die 45° gegenüber den festen, ebenfalls kreuzförmig angeordneten Heckflossen versetzt sind. Zwei Heckflossen sind mit auf den Spitzen sitzenden Verfolgungs-Flares bestückt.
**Lenkung und Steuerung:** Funkfernlenkung mit visueller oder Radar-Zielverfolgung. Steuerung über schwenkbare Flächen.
**Gefechtskopf:** Hochexplosiv, mit Aufschlag- oder Annäherungszünder.
**Länge:** 1,48 m
**max. Rumpfdurchmesser:** 0,1905 m
**Spannweite:** 0,64 m
**Gewicht:** 68 kg
**max. Reichweite (geschätzt):** 3,5 km

ENTWICKLUNG UND TRUPPENDIENST

Die Seacat hat sich als eine der meistexportierten Lenkwaffen der Welt erwiesen. Ihre Entwicklung wurde unter einem im April 1958 erteilten Kontrakt aufgenommen. Innerhalb von vier Jahren waren bereits Schießversuche an Bord von HMS Decoy im Gange. Heute setzen außer der Royal Navy insgesamt noch 14 andere Nationen dieses kompakte, hochmanövrierbare Waffensystem geringer Reichweite auf ihren Marineschiffen ein. Die Serienfertigung läuft gegenwärtig weiter, und die Seacat wird wahrscheinlich bis in die achtziger Jahre Dienst tun.

Das einfachste der vielen verschiedenen erhältlichen Feuerleitsysteme ist das Mk. 20, bei dem die Vierfach - Standard - Startanlage von zwei Mann in einem Leitstand gesteuert wird. Ein Mann bringt diesen Leitstand derart in Drehung, daß der zweite Mann, der

Abschuß einer Seacat von der neuseeländischen Fregatte HMNZS Taranaki.

Zielschütze, das Ziel mit einem Fernglas-Visier erfassen kann. Das Startgerät macht die Drehung des Leitstandes im Azimut und in der Elevation mit mit dem Ergebnis, daß die Lenkwaffen bald nach ihrem Start in das Gesichtsfeld des Schützen gelangen. Der Schütze lenkt dann jede Lenkwaffe mit einem kleinen Steuerknüppel ins Ziel, indem er die Verfolgungs-Flares im Heck als Referenzpunkte benützt. Die Radarsysteme Mk. 21 und Mk. 22 verfügen über eine automatische Zielfolgeeinrichtung, wodurch sowohl Starts bei Sicht als auch bei Nacht durchgeführt werden können. Die Marinestreitkräfte Chiles und Schwedens bedienen sich eines holländischen M4/3-Radarsystems, während Argentiniens Seacat mit einem italienischen Radar ausgerüstet sind. Das schwedische Unternehmen Bofors hat ferner ein kombiniertes Kanonen-Lenkwaffen-System für die Bundesrepublik entwickelt, wobei die Seacat die Lenkwaffen-Komponente bildet. In Brasilien und im Iran steht ein Seacat-Leichtsystem im Einsatz, das über ein mit nur drei Lenkwaffen bestücktes Startgerät verfügt, das auf so kleinen Booten wie z. B. schnellen Patrouillebooten und Minenräumern installiert werden kann. Außerdem werden Seacat-Lenkwaffen in den Waffensystemen Tigercat (siehe Seite 234) und Hellcat (Seite 78) verwendet.

# Sea Dart (CF.299) — Großbritannien

**Schiffgestützte Boden-Luft- und Boden-Boden-Lenkwaffe; in Serienbau.**

**Hauptauftragnehmer:** Hawker Siddeley Dynamics Ltd.
**Antrieb:** Staustrahltriebwerk Rolls-Royce Odin und abwerfbares Feststoffraketen-Starttriebwerk von IMI (in Tandembauweise). Entlüftungsöffnungen zwischen den Stufen.
**Zelle:** Zylindrischer Lenkwaffenrumpf mit vier Interferometer-Antennen um den Bugeinlauf für das Staustrahltriebwerk. Langgestreckte, kreuzförmig angeordnete Heckflächen, die mit den ebenfalls kreuzförmigen Hecksteuerflächen fluchten. Starttriebwerk größeren Durchmessers als der Lenkwaffenkörper mit ebenfalls kreuzförmig angeordneten Hecksteuerflächen, die, wenn die Lenkwaffe noch in der Startanlage ist, nach vorne geklappt sind.
**Lenkung und Steuerung:** Halbaktive Radar-Zielsuchlenkung von Marconi. Steuerung über Heckflächen.
**Gefechtskopf:** Hochexplosiv, mit Annäherungszünder von EMI.
**Länge:** 4,36 m
**Rumpfdurchmesser:** 0,42 m
**Startgewicht:** 550 kg
**Reichweite:** mindestens 30 km

## ENTWICKLUNG UND TRUPPENDIENST

Mit der Entwicklung der Sea Dart – damals noch unter der Bezeichnung CF. 299 – wurde 1962 begonnen, um ein Waffensystem zu schaffen, das eine wesentliche Verbesserung der Seaslug (siehe Seite 185) mit sich bringen und doch kompakt genug sein sollte, um auf kleineren Schiffen als jenen, die mit der Seaslug ausgerüstet waren, eingesetzt werden zu können. Durch die Wahl eines Staustrahl-Marschtriebwerks wurde die Sea Dart zu einem echten Flächenverteidigungssystem, mit dem Flugzeuge ebenso wie boden- oder luftgestartete Lenkwaffen sowohl in sehr großen als auch extrem niedrigen Höhen abgefangen werden können. Dazu kommt noch die Verwendbarkeit als Lenkwaffe gegen Bodenziele. Seit 1965 wurden Schießversuche mit der Sea Dart durchgeführt, die bestätigen,

daß das Waffensystem eine hohe Startfolge und die Fähigkeit aufweist, gleichzeitig eine ganze Reihe von Zielen zu bekämpfen. 1967 ging man in die Serienfertigung. Das erste Schiff, das mit dem Sea Dart-System ausgerüstet wurde, ist der Lenkwaffenzerstörer HMS Bristol, auf dem eine Zweifach-Startanlage installiert ist. Eine ähnliche Startanlage wird auf den vier Zerstörern der neuen Sheffield-Klasse montiert und ferner auf zwei weiteren Schiffen dieser Klasse, die für die argentinische Marine bestimmt sind. Das Sea Dart-System verfügt über ein Überwachungsradar, zwei Zielverfolgungs- und Beleuchtungsradars Marconi Type 909, ein Zweifach-Startgerät von Vickers sowie über das zugehörige Ladesystem, über einen für die Zielauswahl bestimmten Ferranti-Computer, eine Datenverarbeitungsanlage, ein Lenkwaffen-Start- und Flugsteuerungssystem und Darstellungsgeräte von Plessey.

## Sea Indigo

## Italien

**Schiffgestützte Boden-Luft-Lenkwaffe kurzer Reichweite; in Entwicklung.**

**Hauptauftragnehmer:** Sistel – Sistemi Elettronici SpA.

### ENTWICKLUNG UND TRUPPENDIENST

Die Sea Indigo ist eine für den Marineeinsatz bestimmte Version der Indigo (siehe Seite 88) mit entsprechenden Modifikationen, die sie für diese Rolle geeignet machen. Die Sea Indigo kann von Startsystemen verschossen werden, die entweder mit automatischen oder Hand-Ladeanlagen ausgerüstet sind, wobei letztere Systeme für Schiffe unter 500 Tonnen Wasserverdrängung empfohlen werden. Das Super-Fledermaus-Feuerleitsystem der Indigo wurde bei der Sea Indigo durch das Sea Hunter-System ersetzt, das auch bei der Sea Killer von Sistel (siehe dort) Verwendung findet.

# Sea Killer Mk.1

# Italien

**Schiffgestützte Boden-Boden-Lenkwaffe kurzer Reichweite; in Truppendienst.**

**Hauptauftragnehmer:** Sistel – Sistemi Elettronici SpA.

**Antrieb:** Feststoffraketenmotor einer Schubleistung von 2000 kp.

**Zelle:** Zylindrischer Leichtmetallrumpf mit spitz zulaufendem Bugkonus. Schwenkbare, kreuzförmig angeordnete Flächen auf halbem Weg zwischen Bug und Heck, die mit ebenfalls kreuzförmig angeordneten Heckflächen fluchten.

**Lenkung und Steuerung:** Lenkung über Leitstrahl bzw. Fernsteuerung in Verbindung mit einem Höhenmesser. Steuerung über bewegliche Flächen.

**Gefechtskopf:** Hochexplosiver Splittergefechtskopf, der über einen Aufschlag- oder einen Annäherungszünder gezündet wird.

**Länge:** 3,73 m
**Rumpfdurchmesser:** 0,20 m
**Spannweite:** 0,85 m
**Startgewicht:** 168 kg
**Höchstgeschwindigkeit:** Mach 1,9
**max. Reichweite:** 10 km

## ENTWICKLUNG UND TRUPPENDIENST

Diese Lenkwaffe, die eine Zeitlang als Nettuno bekannt war, wird an einer Startanlage mit fünf Aufhängevorrichtungen auf dem schnellen Patrouillenboot Saetta der italienischen Marine mitgeführt. Die Sea Killer ist eine voll einsatzreife, fertig entwickelte Waffe und kann mit existierenden Marine-Feuerleitsystemen wie dem Contraves Italiana Sea Hunter 2 und dem Sea Hunter 4 der schweizerischen Contraves AG integriert werden.

Sea Killer Mk.1-Startbehälter auf dem schnellen Patrouillenboot Saetta.

# Sea Killer Mk. 2 — Italien

**Schiffgestützte Boden-Boden-Lenkwaffe; einsatzbereit.**

**Hauptauftragnehmer:** Sistel – Sistemi Elettronici SpA.
**Antrieb:** Feststoff-Raketen-Starttriebwerk SEP 299 einer Schubleistung von 4400 kg (1,6 Sekunden lang) und Feststoff-Marschtriebwerk von 100 kp Schub (73 Sekunden lang).
**Zelle:** Zylindrischer Leichtmetallrumpf mit spitz zulaufendem Bugkonus. Kreuzförmig angeordnete, schwenkbare Flächen (Rechteckform) auf halbem Weg zwischen Zweitstufe und Bug, die mit den ebenfalls kreuzförmig angeordneten Heckflossen fluchten. Tandem-Marschtriebwerk mit großen, kreuzförmig angeordneten Rechteck-Flossen, die mit den Flächen der Zweitstufe fluchten.
**Lenkung und Steuerung:** Lenkung über Leitstrahl bzw. Fernsteuerung, in Verbindung mit einem Radarhöhenmesser. Steuerung über bewegliche Flächen.
**Gefechtskopf:** Hochexplosiv, mit Aufschlag- oder Annäherungszünder. Durchschlägt Stahlpanzerung.
**Länge:** 4,50 m
**Rumpfdurchmesser:** 0,20 m
**Spannweite:** 0,85 m
**Startgewicht:** 240 kg
**max. Reichweite:** 18,5 km

## ENTWICKLUNG UND TRUPPENDIENST

Die Sea Killer Mk. 2-Version ist eine zweistufige Lenkwaffe mit einem Tandem-Starttriebwerk, das einen schweren Gefechtskopf möglich macht und die Reichweite gleichzeitig beträchtlich erhöht. Die Sea Killer Mk. 2 erreicht hohe Unterschallgeschwindigkeit. Die Flugerprobung läuft seit Mitte 1969; die ersten Waffensystem-Eignungsversuche liefen 1971 an. Die Sea Killer Mk. 2 kann mit den gleichen Contraves-Feuerleitsystemen integriert werden wie die Version Mk.1 (siehe vorherige Seite).

## Seaslug

## Großbritannien

**Schiffgestützte Boden-Luft- und Boden-Boden-Lenkwaffe; in Truppendienst.**

**Hauptauftragnehmer:** Hawker Siddeley Dynamics Ltd.
**Antrieb:** Feststoff-Raketenmotor von ICI. Vier abwerfbare Feststoff-Starttriebwerke außen am Rumpf.
**Zelle:** Zylindrischer Leichtmetallrumpf mit spitz zulaufendem Bugkonus. Kreuzförmig angeordnete Flächen auf halbem Weg zwischen Bug und Heck, fluchtend mit ebenfalls kreuzförmig angeordneten, schwenkbaren Hecksteuerflächen. Die Starttriebwerke mit flachem Bug erstrecken sich von den Stabilisierungsflächen nach vorn zum Lenkwaffenbug.
**Lenkung und Steuerung:** Leitstrahl-Lenksystem von General Electric in Verbindung mit Type 901-Schiff-Radar. Steuerung über bewegliche Heckflächen.
**Gefechtskopf:** Hochexplosiv mit Annäherungszünder.
**Länge:** 0,41 m
**Spannweite:** 1,44 m
**Gewicht und Leistungen:** Geheim

### ENTWICKLUNG UND TRUPPENDIENST

Die Seaslug, die Standard-Flugzeugabwehrwaffe großer Reichweite bei der Royal Navy, ist auf je zwei Doppel-Startanlagen auf den acht Zerstörern der County-Klasse installiert. Die ersten vier Schiffseinheiten dieser Klasse sind mit der Mk.1-Version der Seaslug ausgerüstet, die während ihrer Flugerprobung eine Trefferrate von 90 Prozent bei Abschüssen gegen schnelle Zieldarstellungskörper in großen und geringen Höhen erzielt hatte. Die Seaslug Mk. 2, die auf den anderen vier County-Schiffen zum Einsatz gelangt, bietet größere Reichweite und verbesserte Leistungen gegen niedrig fliegende Ziele und kann darüber hinaus auch im Boden-Boden-Einsatz verwendet werden.

# Sea Sparrow (RIM-7H) USA

**Schiffgestützte Boden-Luft-Lenkwaffe geringer Reichweite; in Serienbau und Truppendienst.**

**Hauptauftragnehmer:** Raytheon Company.

## ENTWICKLUNG UND TRUPPENDIENST

Die Arbeiten an der Sea Sparrow begannen 1964 – unter der US-Navy-Bezeichnung Basic Point Defense Missile System (Punktverteidigungs-Lenkwaffen-Grundsystem) – und hatten zum Ziel, eine Lenkwaffe zu schaffen, die Schutz gegen gegnerische Flugzeuge und Lenkwaffen für jene Schiffe bieten sollte, die keine anderen Lenkwaffensysteme an Bord hatten. Aus Zeitersparnisgründen wurde für die Grundversion der Sea Sparrow die Standard-Sparrow III-Lenkwaffe herangezogen (Seite 202), die in einem modifizierten Asroc-Achtfach-Startgerät zum Abschuß gelangt (siehe Seite 23). Das komplette System ist auf einem modi-

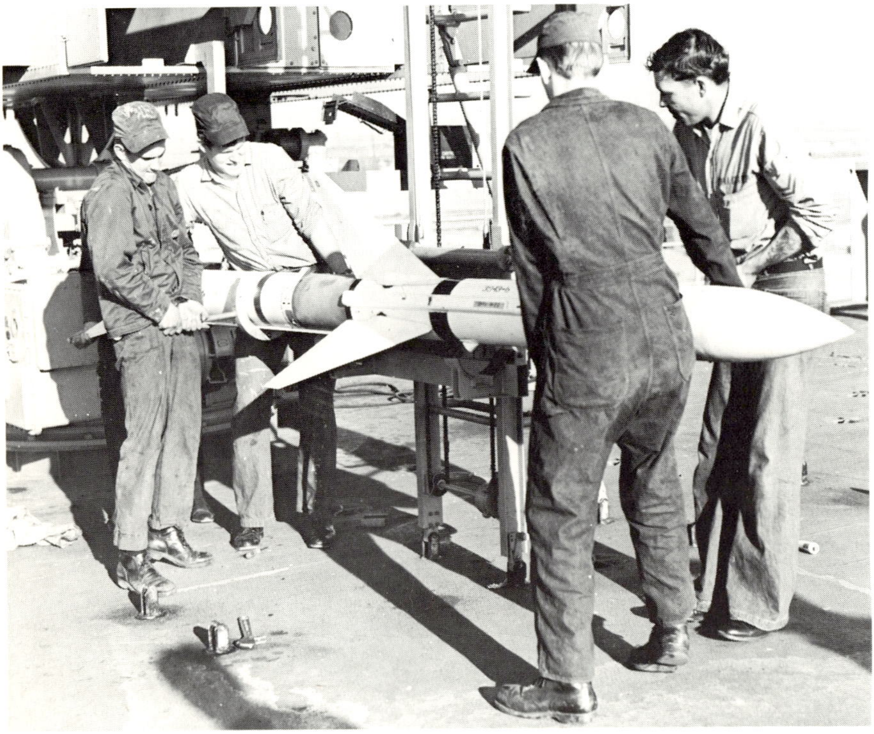

Sea Sparrow auf USS Okinawa.

fizierten Kanonen-Schlitten montiert und hat ein Gewicht von 17690 kg. Das halbaktive CW-Radar-Zielsuchsystem der Sparrow wurde unverändert übernommen. Zur bordseitigen Ausrüstung zählen ein Mk. 51-Zielerfassungs- und Beleuchtungssystem und das manuell betätigte Feuerleitsystem Mk. 115, das mit den erforderlichen Zieldaten über das Informationszentrum des Schiffes versehen wird. Die ersten mit dem Sea Sparrow-System ausgerüsteten Schiffe waren die Angriffs-Träger der US Navy. Insgesamt sollen 75 Schiffe mit der Sea-Sparrow bestückt werden. Eine verbesserte, auch als NATO-Sea Sparrow bekannte Version wird zur Zeit von Raytheon in Zusammenarbeit mit Unternehmen aus Dänemark, Italien, den Niederlanden und Norwegen entwickelt. Das Übereinkommen für dieses Vorhaben wurde 1968 geschlossen. Die NATO-Sea Sparrow besteht aus der Sparrow-Lenkwaffe und einem neuen Achtfach-Startgerät, einem Feuerleitsystem, das auf einem Digitalcomputer basiert, einem Zielerfassungssystem und einer Radar-Beleuchtungseinheit. Die Fertigung sollte 1972 beginnen.

Unabhängig vom Sea Sparrow-System entwickelte man in den USA zur Zeit eine fortgeschrittene Version, die über eine neue Lenkwaffenkonstruktion ähnlicher Größe wie die Sparrow verfügen soll, Es ist unwahrscheinlich, daß diese Variante vor Ende der siebziger Jahre verfügbar sein wird.

## Seawolf

## Großbritannien

**Boden-Luft- und Boden-Boden-Lenkwaffe geringer Reichweite; in Entwicklung.**

**Hauptauftragnehmer:** British Aircraft Corporation, Guided Weapons Division.

### ENTWICKLUNG UND TRUPPENDIENST

Im Juni 1967 erhielt BAC einen Entwicklungsauftrag, der ein fortgeschrittenes Boden-Luft-Waffensystem der Bezeichnung PX430 zum Gegenstand hatte, das heute unter Seawolf bekannt ist. Diese Lenkwaffe, die als Nachfolgemuster der Seacat dienen soll (siehe Seite 179), ist ein Allwetter-System, das bessere Abwehrmöglichkeiten von Überschall-Lenkwaffen gegen Schiffsziele und von Flugzeugen bietet und auch für den Boden-Boden-Einsatz gegen Schiffe und Hovercrafts geeignet ist. Die Entwurfsverantwortung für das gesamte Elektroniksystem liegt bei Marconi, darunter auch für die Überwachungs-Radaranlagen, das

Modell der Sea Wolf.

Zielverfolgungsradar, die Fernseh-Lenkung und die Datenverarbeitungsausrüstung.
Bisher sind nur wenige Details über die Seawolf-Lenkwaffe erhältlich, obwohl die Entwicklungsarbeiten bereits weit fortgeschritten sind. Allerdings wurde offiziell bekanntgegeben, daß die Lenkwaffe Techniken verwendet, die

bereits mit Erfolg in der Rapier (siehe Seite 145) eingesetzt wurden, und daß, ist einmal ein Ziel als feindlich identifiziert, sämtliche Start- und Lenkvorgänge automatisch durchgeführt werden. Die von Vickers konstruierte Mk. 25 Mod. 0-Startanlage weist sechs Startrohre mit Rechteckquerschnitt auf.

## Serb (SS-N-5) UdSSR

**Unterwasser-Boden- oder Boden-Boden-Lenkwaffe; in Truppendienst.**

**Antrieb:** Feststoff-Raketenmotoren. 18 kleine Düsen im Heck zum Ausstoß aus dem Startbehälter.
**Zelle:** Zweistufen-Auslegung. Beide Stufen und der mit abgerundetem Bug versehene Wiedereintrittskörper haben Kreisquerschnitt, wobei sich ihr Durchmesser stetig verringert. Konische Übergangsverkleidungen zwischen Stufen und Gefechtskopf. Keine Flächen oder Flossen.
**Gefechtskopf:** Nuklear oder thermonuklear.
**Länge:** 10,70 m
**max. Rumpfdurchmesser:** 1,50 m
**max. Reichweite:** 1 200 km

### ENTWICKLUNG UND TRUPPENDIENST

Diese Waffe, die in etwa der amerikanischen Polaris entspricht (siehe Seite136), wurde erstmals auf einer im November stattgefundenen Moskauer Parade vorgeführt. Der Sprecher äußerte damals, es handele sich dabei um eine Zwischenstufe zwischen der SS-N-4 (NATO-Code Sark, siehe Seite 163) und der SS-N-6 (NATO-Code Sawfly, siehe Seite 166). Von Anfang an wurde die Serb als Unterwasser-startfähig bezeichnet. Nach drei Jahren, anläßlich einer Parade im Jahre 1967, konnte man erkennen, daß die sonst über dem Heck liegende Abdeckplatte ent-

fernt worden war und die Düsen für das elektrisch gezündete Kaltgas-System offenlagen, mit denen die Serb aus ihrem Startbehälter im U-Boot ausgetrieben wird. Erst über der Wasseroberfläche wird dann der Motor der Erststufe gezündet.

Wie die Sark kann auch die Serb von den sowjetischen U-Booten der G II-Klasse mitgeführt werden, und zwar in zwei oder drei vertikalen Startrohren. Außerdem gelangt sie von den U-Booten der G III- und H-Klasse zum Abschuß, die über je drei Startrohre verfügen.

## Sergeant (MGM-29A) USA

**Boden-Boden-Feldartillerie-Lenkwaffe mittlerer Reichweite; in Truppendienst.**

**Hauptauftragnehmer:** Sperry Rand Corporation, Univac Salt Lake City.
**Antrieb:** Feststoff-Raketenmotor Thiokol M-100 einer Schubleistung von 20400 kg.
**Zelle:** Zylindrischer Stahlrumpf. Kreuzförmig angeordnete Heckflossen mit kleinen Steuerflächen an den Hinterkanten, die mit Strahlablenkungsklappen im Abgasstrahl verbunden sind. Spitzer Bugkonus.

**Lenkung und Steuerung:** Trägheitslenksystem von Univac Salt Lake City. Steuerung über Hecksteuerflächen und Strahlablenkungsklappen.

**Gefechtskopf:** Entweder nuklear oder hochexplosiv.

**Länge:** 10,51 m

**Rumpfdurchmesser:** 0,79 m

**Spannweite:** 1,78 m

**Startgewicht:** 4580 kg

**Reichweitengrenzen:** 46 bis 135 km

### ENTWICKLUNG UND TRUPPENDIENST

Die Sergeant wurde als Nachfolgemuster der mit einem Flüssigtreibstoff-Raketentriebwerk ausgerüsteten Artillerie-Lenkwaffe Corporal entwickelt, der sie an Mobilität und Reaktionszeit überlegen ist. Die Auslieferung der Lenkwaffe begann 1961; die Indienststellung und Einsatzreife folgten 1962. Man nimmt an, daß ca. 500 Exemplare im Dienst der US Army-Einheiten stehen, während weitere 100 Stück beim Heer der Bundesrepublik verwendet werden. Die Sergeant kann an Bord von Transportflugzeugen mitgeführt und von einer aus sechs Mann bestehenden Bedienmannschaft innerhalb weniger Minuten aufgestellt und abgeschossen werden.
Seit in den letzten Jahren die Serienproduktion auslief, hat man bei Univac Salt Lake City Anstrengungen zur Verbesserung des Sergeant-Waffensystems unternommen. Aus der Einführung eines neuen Digitalcomputers, der

an die Stelle einiger früher verwendeter Bodenausrüstungssysteme trat, ergaben sich kürzere Countdown-Zeiten und höhere Startraten. Durch Integration der Funktionen anderer Elektroniksysteme wurde es möglich, daß jede Sergeant-Batterie jetzt auf nur einem 2½-Tonnen-Lkw und drei Anhängern mitgeführt werden kann.

# Shaddock (SS-N-3) UdSSR

**Boden-Boden-Lenkwaffe; in Truppendienst.**

**Antrieb:** Stau-Strahltriebwerk, oder Strahltriebwerk-Marschmotor und zwei zusätzliche große Feststoff-JATO-Starttriebwerke.
**Zelle:** Im wesentlichen geschoßförmiger Rumpf, wahrscheinlich mit zwei Mitteldeckerflügeln geringer Spannweite (in Flügelmitte aufgehängt) und spitz zulaufendem Bugkonus. Zwei abwerfbare Starttriebwerke unter dem Heck, zu beiden Seiten einer großflächigen Stabilisierungsflosse.
**Lenkung und Steuerung:** Aktives Radar-Zielsuchsystem.
**Gefechtskopf:** Wahrscheinlich nuklear.
**Länge:** 10,90 m
**Höchstgeschwindigkeit:** Mach 0,95
**max. Reichweite:** 370 km

## ENTWICKLUNG UND TRUPPENDIENST

Lenkwaffen vom Typ der Unterschall-Flugbombe tun nach wie vor Dienst bei den sowjetischen Streitkräften. Keine jedoch ist schlagkräftiger als die Shaddock, die als Standardbewaffnung vieler Überwasserschiffe und U-Boote der UdSSR gilt. Aus neuesten, nicht der Geheimhaltung unterworfenen Daten, die verfügbar wurden, geht hervor, daß die vier großen Zerstörer, die der NATO als zur Kresta I-Klasse zugehörig bekannt sind, je vier Shaddock in zwei Startrohren mitführen, die nicht wiederaufladbar sind. Auf den vier Zerstörern der Kynda-Klasse werden dagegen je vier Startrohre nebeneinander auf dem Vorderdeck und acht weitere auf dem Hinterdeck transportiert, und es

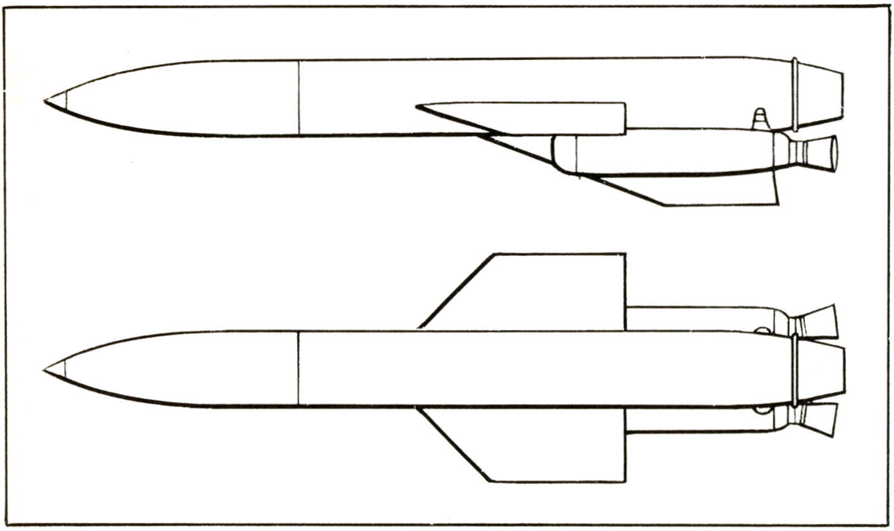

herrscht nahezu Sicherheit bezüglich der Tatsache, daß für einen zweiten Schlag acht weitere Shaddock unter Deck geladen sind. Mindestens 59 sowjetische U-Boote sollen ebenfalls mit Shaddock bewaffnet sein. Die nukleargetriebenen U-Boote der E 1- und E II-Klasse sind mit sechs bzw. acht Lenkwaffen ausgerüstet, während die U-Boote der J-Klasse je vier und die umgebauten U-Boote der W-Klasse je zwei bis vier Shaddock in sogenannten „Longbin-Containern" aufnehmen können. Außerdem sollen weitere Lenkwaffen dieses Typs von Land aus eingesetzt werden.

Die Shaddock-Lenkwaffe selbst wurde nie in der Öffentlichkeit gezeigt. Die oben gegebene Beschreibung gründet sich nur auf vage Beobachtungen. So konnte man einiges aus den offenen Enden der Lenkwaffenbehälter schließen, die auf Lkw an Paraden durch Moskau teilgenommen haben. Die unten gezeigte Zeichnung basiert auf einer in einem offiziellen DDR-Magazin abgebildeten Darstellung, wurde jedoch überarbeitet, um sie mit bekannten Details der Bug- und Heck-Auslegung abzustimmen. Über die Form des Lufteinlaufes für das Marschtriebwerk ist nichts weiter bekannt. Es könnte sich dabei jedoch um einen ringförmigen Einlauf wie bei der Ganef handeln (siehe Seite 63).

## Shillelagh (MGM-51A) — USA

**Leichte Armee-Lenkwaffe geringer Reichweite; in Truppendienst.**

**Hauptauftragnehmer:** Philco-Ford Corporation, Aeronutronic Division.
**Antrieb:** Einstufiger Feststoff-Raketenmotor von Amoco Chemicals.
**Zelle:** Zylindrischer Rumpf mit abgerundetem Bug und vier leicht gepfeilten, ausfahrbaren Heckflossen.
**Lenkung und Steuerung:** Fernlenksystem von Aeronutronic mit Infrarot-Zielverfolgung. Steuerung über Ablenkung des Marschtriebwerk-Abgasstrahls.
**Gefechtskopf:** Hohlladung von Octol.
**Länge:** 1,14 m
**Rumpfdurchmesser:** 0,152 m
**Startgewicht:** 27 kg

### ENTWICKLUNG UND TRUPPENDIENST

Nach Angaben von Philco-Ford wurde die Shillelagh in größeren Fertigungszahlen gebaut als jede andere frühere US-Lenkwaffe. Ungewöhnlich an dieser Entwicklung ist die Tatsache, daß die Lenkwaffe aus Rohrwaffen bzw. einem Startsystem zum Abschuß gelangt, mit dem auch konventionelle Munition verschossen werden kann. Dies macht die Shillelagh zu einer

Idealbewaffnung für Panzer und gepanzerte Kampffahrzeuge. Seit 1967 tut diese Lenkwaffe auf den Sheridan-Panzer der US Army Dienst und gelangte auch im Ausland zum Einsatz. Weitere mit Shillelagh bestückte Fahrzeuge sind der amerikanische Kampfpanzer M-60 A1 E1/E2 und der neue Kampfpanzer XM-803 (MBT-70).

Nach dem Abschuß der Shillelagh muß der Schütze das Ziel nur mit dem Fadenkreuz seines Fernrohr-Visiers zur Deckung bringen. Das Infrarot-Verfolgungs- und Fernlenksystem der Lenkwaffe, das an das Visier gekoppelt ist, entdeckt und kontrolliert jede Abweichung des Lenkwaffen-Flugweges von der Visierlinie. Die Shillelagh bietet eine gewaltige Feuerkraft gegen alle gepanzerten Kampffahrzeuge, gegen Truppen und befestigte Stellungen. Außerdem wurde sie für die Luft-Boden-Einsatzrolle von einem Bell UH-1B-Hubschrauber aus in Verbindung mit einem stabilisierten Visier, das von Aeronutronic entwickelt wurde, getestet.

# Shrike (AGM-45A) USA

**Anti-Radar-Luft-Boden-Lenkwaffe (Überschallgeschwindigkeit); in Serienbau und Truppendienst.**

**Hauptauftragnehmer:** Naval Weapons Center, China Lake, California.
**Antrieb:** Feststoffraketenmotor Rocketdyne Mk. 39 Mod. 7 oder Aerojet Mk. 53.
**Zelle:** Schlanker zylindrischer Rumpf mit spitz zulaufendem Bug. Schwenkbare, kreuzförmig angeordnete Flächen auf halbem Weg zwischen Bug und Heck, fluchtend mit den ebenfalls kreuzförmig angeordneten Heckflossen.
**Lenkung und Steuerung:** Passiver Zielsuchkopf von Texas Instruments. Steuerung über schwenkbare Flächen.
**Gefechtskopf:** Hochexplosiv.
**Länge:** 3,05 m
**Rumpfdurchmesser:** 0,203 m
**Spannweite:** 0,91 m
**Startgewicht:** 182 kg
**max. Reichweite:** 16 km

## ENTWICKLUNG UND TRUPPENDIENST

Die Shrike wurde ursprünglich unter der Bezeichnung ARM (Anti-Radar-Missile = Lenkwaffe zur Bekämpfung von Radarzielen) entwickelt mit dem Ziel, gegen gegnerische Radaranlagen eingesetzt zu werden. Daß Bedarf an einem derartigen Waffensystem besteht, erkannte man im Vietnamkrieg, in dem es von wachsender Bedeutung war, die Warn- und Leitradars für Lenkwaffen und Flugzeuge der Nordvietnamesen zu zerstören oder zumindest zu stören – vor allem in der US-Luftoffensive. Die Auslieferung der Shrike an die trägergestützten Angriffsstaffeln der US Navy begann 1964. Auch die USAF-Staffeln verwenden die Shrike als Standard-Durchdringungshilfe. Der Vietnam-Einsatz

Shrike-Lenkwaffe unter der Tragfläche einer A-4 Skyhawk.

mit der Shrike wurde 1966 aufgenommen. Die Serienfertigung für die USAF und die US Navy ist zur Zeit im Gange, und im Lauf der Jahre wurde eine Reihe von Verbesserungen durchgeführt, die die Schlagkraft der Waffe erhöhten. Eine Version, die an die israelischen Luftstreitkräfte geliefert wird, soll einen Sucherkopf aufweisen, der speziell darauf ausgelegt ist, die Radaranlagen, die zusammen mit den Guideline- und Goa-Lenkwaffen sowjetischer Herkunft an Ägypten geliefert wurden, zu bekämpfen.

## Sidewinder 1A (AIM-9) USA

**Luft-Luft-Lenkwaffe; in Truppendienst.**
**Daten** beziehen sich auf AIM-9B

**Hauptauftragnehmer:** US Naval Weapons Center, China Lake, California.
**Antrieb:** Feststoff-Raketenmotor von Naval Propellant Plant.
**Zelle:** Schlanker zylindrischer Aluminiumrumpf mit halbkugeligem, verglastem Bug. Kreuzförmig angeordnete Deltaflächen im Bug, fluchtend mit großen, kreuzförmig angeordneten Heckflossen.
**Lenkung und Steuerung:** Infrarot-Zielsuchlenkung. Steuerung über Vorflächen.
**Gefechtskopf:** Hochexplosiv, Gewicht 11,4 kg.
**Länge:** 2,83 m
**Rumpfdurchmesser:** 0,13 m
**Heckflossen-Spannweite:** 0,56 m
**Startgewicht:** 72 kg
**Höchstgeschwindigkeit:** Mach 2,5
**max. Reichweite:** 3,35 km

### ENTWICKLUNG UND TRUPPENDIENST

Die Sidewinder ist eine der am meisten produzierten Luft-Luft-Lenkwaffen der Welt. Die Schießversuche wurden erfolgreich am 11. September 1953 begonnen, und in der Folge wurde eine große Zahl der mit Infrarot-Zielsuchsystem ausgerüsteten AIM-9B von Philco und General Electric für die US-Streitkräfte gefertigt, ferner für die Royal Navy, die Königlich Kanadische Marine, die Königlich Niederländische Marine und die Luftstreitkräfte von neun NATO-Nationen, von Australien, Japan, den Philippinen, von Spanien, Schweden, Taiwan und von anderen Ländern. Ferner wurden ca. 9000 Stück von Bodenseewerk Gerätetechnik in der Bundesrepublik zusammen mit Unternehmen in Dänemark, Griechenland, den Niederlanden, Norwegen, Portugal und der Türkei für den europäischen Markt in Lizenz gebaut.
Die Popularität der Sidewinder basiert auf der Tatsache, daß sie weniger als 12 bewegliche Teile und nicht mehr elektronische Komponenten als ein durchschnittlicher Rundfunkempfänger aufweisen

soll. Um die Beschränkungen, denen man im Luftkampf in Vietnam auf die Spur gekommen war, zu überwinden, sind seit 1971 – so hört man zumindest – zwei neue Versionen geringer Reichweite in der Entwicklung. Die AIM-9J soll eine modifizierte AIM-9B sein, die Philco-Ford für die McDonnell Douglas F-15 Eagle der USAF entwickelt. Die AIM-9H schließlich soll die Grumman F-14 Tomcat der US Navy und andere moderne Flugzeugmuster ausrüsten.

# Sidewinder 1C (AIM-9) USA

**Luft-Luft-Lenkwaffe; in Serienbau und Truppendienst.**

**Hauptauftragnehmer:** US Naval Weapons Center, China Lake, California.
**Antrieb:** Feststoff-Raketenmotor Rocketdyne Mk. 36 Mod. 5.
**Zelle:** Schlanker zylindrischer Rumpf, der sich zum abgerundeten Bug hin verjüngt. Die Steuerflächen im Bug haben eine langgestrecktere Form als auf der Version 1A (siehe vorherige Seite), und die kreuzförmig angeordneten Heckflossen weisen eine stärkere Pfeilung an der Vorderkante auf.
**Lenkung und Steuerung:** Infrarot-Zielsuchsystem von Raytheon. Bei der AIM-9C halbaktive Radarlenkung von Motorola. Steuerung über Vorflächen.
**Gefechtskopf:** Hochexplosiv.
**Länge:** 2,91 m
**Rumpfdurchmesser:** 0,13 m
**Heckflossen-Spannweite:** 0,64 m
**Startgewicht:** 84 kg
**max. Reichweite:** 3,5 km

## ENTWICKLUNG UND TRUPPENDIENST

Die Sidewinder 1C wurde in zwei Versionen entwickelt, die höhere Geschwindigkeit und größere Reichweite als die Serie 1A aufweisen. Die Radar-Zielsuchversion AIM-9C steht bei Motorola in Serienproduktion, während die infrarotgelenkte AIM-9D von Raytheon für die US Navy und Großbritannien gefertigt wird, in der US Air Force aber noch nicht verwendet wird. Die Sidewinder 1C ist auch Teil des Chaparral-Boden-Luft-Lenkwaffensystems der US Army (siehe Seite 37).

# Skean (SS-5) UdSSR

**Ballistische Lenkwaffe mittlerer Reichweite; in Truppendienst.**

**Antrieb:** Flüssigtreibstoff-Raketenmotor.
**Zelle:** Zylindrischer Rumpf von im Grund konstantem Durchmesser mit aufgedicktem Teil im Heck und stumpfem konischem Bug. Keine Flossen oder Flächen.
**Gefechtskopf:** Nuklear oder thermonuklear.
**Länge:** 23,00 m
**max. Rumpfdurchmesser:** 2,40 m
**max. Reichweite:** 3200 km

## ENTWICKLUNG UND TRUPPENDIENST

Obwohl die Skean bei weitem schlagkräftiger als die V-2 ist, kann sie doch wahrscheinlich als letzte Nachkriegsentwicklung des Grundkonzepts dieser deutschen Lenkwaffe betrachtet werden. Die Skean scheint ferner eine maßstäblich vergrößerte Variante der Shyster-Sandal-Familie (siehe Seite 162) mit Flüssigtreibstofftriebwerk (lagerfähig) zu sein und ist mit einem thermonuklearen Gefechtskopf einer Sprengkraft von einer Megatonne ausgerüstet. Die Skean wurde erstmals auf einer Parade in Moskau im November 1964 vorgeführt. In der Folge zeigten sowjetische Filme Lenkwaffen dieses Typs, die in Startsilos unter dem Boden untergebracht waren. Der Einsatz der Skean dürfte jedoch nur begrenzt gewesen sein, wobei man annimmt, daß nicht mehr als 100 Skean im Jahre 1970 in Dienst standen. Wie im Fall der Sandal auch ist die Skean-Streitmacht zum Teil gegen Westeuropa und gegen die Volksrepublik China gerichtet.

# SLAM

**Großbritannien**

**Schiffgestütztes Lenkwaffensystem; in Entwicklung.**

**Hauptauftragnehmer:** Vickers Ltd., Shipbuilding Group.

## ENTWICKLUNG UND TRUPPENDIENST

Die Abkürzung SLAM bedeutet entweder Submarine-Launched Air Missile (U-Boot-gestartete Luftabwehr-Lenkwaffe) oder Surface-Launched Air Missile (Bodengestartete Luftabwehr-Lenkwaffe). In seiner ursprünglichen Form wurde dieses Waffensystem daraufhin ausgelegt, auf den U-Booten der Oberon-Klasse Dienst zu tun; die SLAM kann jedoch von vornherein oder auch erst nachträglich auf jedem U-Boot oder leichtem Über-

wasserschifftyp zum Einbau gelangen. Die SLAM-Einsatzrolle ist die Verteidigung gegen Flugzeuge, Hubschrauber und gegnerische Überwasserschiffe auf geringe Entfernungen. SLAM besteht aus einem „Bündel“ von sechs Blowpipe-Startbehältern (siehe Seite 29), die um eine Elektronikeinheit herum an einer Startvorrichtung angeordnet sind. Die Elektronikeinheit weist eine Fernsehkamera, ein Kreisel-Stabilisationssystem und Lenkwaffen-Steuergerät auf. Nach dem Start wird jede Lenkwaffe über einen Steuerknüppel im Steuerraum des Schiffes gelenkt. Der Operator bringt zu diesem Zweck Lenkwaffe und Ziel auf einem Fernseh-Monitor zur Deckung. Erste Schießversuche mit SLAM kamen im Januar 1970 zum Abschluß.

## Snapper

## UdSSR

**Leichte Panzerbekämpfungs-Lenkwaffe; in Truppendienst.**

**Antrieb:** Feststoff-Raketenmotor.
**Zelle:** Kurzer zylindrischer Rumpf mit spitz zulaufendem Bugkonus. Kreuzförmig angeordnete Deltaflächen im Heck mit je einem oder zwei Vibrationsspoilern an der Hinterkante.
**Lenkung und Steuerung:** Drahtlenkung und Drallstabilisierung. Steuerung über Spoiler.
**Gefechtskopf:** Hohlladung, Gewicht 5,25 kg, mit Aufschlagzünder. Durchschlagkraft 35 cm Panzerung.
**Länge:** 1,13 m
**Rumpfdurchmesser:** 0,14 m
**Spannweite:** 0,75 m
**Startgewicht:** 22,25 kg
**Marschgeschwindigkeit:** 323 km/h
**max. Reichweite:** 2330 m

ENTWICKLUNG UND TRUPPENDIENST

Ebenso wie Guideline und Atoll (siehe Seiten 69 bzw. 24) ist auch die Snapper eine der besser bekannten sowjetischen Lenkwaffen, weil einige davon im Verlauf des Sechstagekrieges 1967 in die Hände israelischer Truppen fielen. Die Snapper ist eine Panzerbekämpfungswaffe der ersten Generation und ähnelt in der Auslegung westlichen Lenkwaffen wie z. B. der Nord SS. 10 (Seite 210) oder der MBB Cobra (Seite 40). Die erste Einsatzversion, die von den Israelis erbeutet wurde, wurde von einem Jeep-ähnlichen Fahrzeug mit der Bezeichnung GAZ-69 auf einem Vierfach-Startgerät mitgeführt. Die Steuerung erfolgte über einen Steuerknüppel, mit dessen Hilfe der Operator die Lenkwaffe während des Fluges auf das Ziel gerichtet hielt. Dies geschah mit Hilfe eines Verfolgungs-Flares, das auf zwei Flächen angebracht war. Das Standard-Transportfahrzeug in der sowjetischen Armee für die Snapper ist heute das gepanzerte Amphibienfahrzeug BRDM, das ein einziehbares Dreifach-Startgerät besitzt.

## Sparrow (AIM-7) — USA

**Luft-Luft-Lenkwaffe großer Reichweite; in Serienbau und Truppendienst.**

**Hauptauftragnehmer:** Raytheon Company.
**Antrieb:** Feststoff-Raketenmotor Rocketdyne Mk. 38 Mod. 2.
**Zelle:** Schlanker zylindrischer Rumpf mit spitz zulaufendem Bug. Schwenkbare, kreuzförmig angeordnete Deltaflügel auf halbem Weg zwischen Heck und Bug, fluchtend mit ebenfalls kreuzförmig angeordneten Delta-Heckflossen.
**Lenkung und Steuerung:** Halbaktives Dauerstrich-Radar-Zielsuchsystem. Steuerung über bewegliche Flächen.
**Gefechtskopf:** Hochexplosiv, Gewicht 27 kg.
**Länge:** 3,66 m
**Rumpfdurchmesser:** 0,20 m
**Spannweite:** 1,02 m
**Startgewicht:** 204 kg
**Höchstgeschwindigkeit:** über Mach 3,5
**max. Reichweite:** über 13 km

ENTWICKLUNG UND TRUPPENDIENST

Die Sparrow ist eine der bedeutendsten Lenkwaffenentwicklungen, die zur Zeit bei den NATO-Luftstreitkräften, bei alliierten und bei befreundeten Nationen im Einsatz steht. Sie ist eine große Allwetter-Waffe, die zu sechs Stück von der McDonnell Douglas F-4 Phantom II der US Air Force, US Navy, des US Marine Corps, der Royal Air Force, der Royal Navy und anderer Luftstreitkräfte mitgeführt wird. Die Lockheed F-104S

Abschuß einer Sparrow von einer F-4B Phantom II.

der italienischen Luftwaffe befördern je zwei Sparrow, und ähnliche Varianten werden die Bewaffnung der McDonnell Douglas F-15 Eagle und der Grumman F-14 Tomcat bilden, also der nächsten Flugzeuggeneration der USA. Mehr als 1000 Sparrow werden zur Zeit in Japan von Mitsubishi für die japanischen Selbstverteidigungs-Luftstreitkräfte hergestellt. Die gegenwärtige Grundversion der Sparrow ist die AIM-7E. Die fortgeschrittene AIM-7F wird sie jedoch bald in der Produktion ablösen. Die Sparrow wird auch in der schiffgestützten Einsatzrolle verwendet (siehe Sea Sparrow auf Seite 186).

# Spartan (XLIM-49A) USA

**Langstrecken-Lenkwaffe gegen ballistische Ziele; in Serienbau.**

**Hauptauftragnehmer:** Western Electric Company Inc.
**Antrieb:** Feststoff-Raketenmotoren der Muster Thiokol TX-135, TX-238 und TX-239 in den drei Stufen.
**Zelle:** Dreistufen-Auslegung in Tandem-Bauweise. Im wesentlichen zylindrischer Rumpf konstanten Durchmessers, der sich nur in der dritten Stufe gegen den spitz zulaufenden Bug hin verjüngt. Kreuzförmig angeordnete vordere Fläche im Bug. Ebenfalls kreuzförmig angeordnete Delta-Heckflächen in der Zweitstufe, fluchtend mit großen Erststufen-Heckflächen. Erst- und Zweitstufenflächen um 45° versetzt gegenüber Bugflächen.
**Lenkung und Steuerung:** Radar-Fernlenkung von Bell Telephone Laboratories.
**Gefechtskopf:** Nuklear.
**Länge:** 16,75 m
**Gewicht und Leistungen:** Geheim.

## ENTWICKLUNG UND TRUPPENDIENST

Die Spartan ist der Langstrecken-„Partner" der Sprint (siehe Seite 205) im amerikanischen Safeguard-Raketenabwehrsystem. Die Entwicklung dieser Lenkwaffe geht auf Oktober 1965 zurück, als die Douglas Aircraft Company einen Vertrag für die Schaffung einer Waffe erhielt, die damals die Bezeichnung „Improved Zeus" führte. Bei Douglas konnte man auf die mit der ursprünglichen Nike Zeus-Experimentallenkwaffe gemachten Erfahrungen zurückgreifen mit dem Ergebnis, daß die Schießversuche mit der Spartan vom Kwajalein-Atoll im Pazifik bereits im März 1968 beginnen konnten. Am 28. August erzielte man einen außerordentlichen Erfolg, als eine mit einer Gefechtskopfattrappe ausgerüstete Spartan in einer Höhe von etwa 160 km den Wiedereintrittskörper einer Minuteman-Interkontinentalrakete abfing, die von der Vandenberg AFB in California, also rund 6760 km entfernt, gestartet worden war.

In der einsatzfertigen Safeguard-Verteidigungsanlage soll die kom-

Vollmaßstäbliche Attrappe der Spartan.

plette Sequenz, angefangen mit der Erfassung des anfliegenden gegnerischen Gefechtskopfes bis zu seiner Interzeption durch die Spartan, automatisch ablaufen, obwohl zu jeder Zeit ein manuelles Eingreifen möglich ist. Der Nukleargefechtskopf der Spartan wird auf ein Kommando hin im optimalen Moment ausgelöst, um die Zerstörung des Zieles über der Atmosphäre zu garantieren.

## Sprint USA

**Kurzstrecken-Lenkwaffe gegen ballistische Ziele; in Serienbau.**

**Hauptauftragnehmer:** Martin Marietta Corporation.
**Antrieb:** Feststoff-Raketenmotoren von Hercules Inc.
**Zelle:** Zweistufen-Auslegung. Konischer Rumpf mit kleinen, kreuzförmig angeordneten Leitflächen auf halbem Weg zwischen Heck und Bug.
**Lenkung und Steuerung:** Fernlenk- und -steuerungs-Systeme von Western Electric/Honeywell.
**Gefechtskopf:** Nuklear.
**Länge:** 8,23 m
**Rumpfdurchmesser am Heck:** 1,37 m
**Startgewicht:** 3400 kg

### ENTWICKLUNG UND TRUPPENDIENST

Die Sprint ist eine Lenkwaffe geringer Reichweite, die eine letzte Abwehrmöglichkeit gegen jene gegnerischen Interkontinentalraketen bieten soll, die im amerikanischen Raketenabwehrsystem Safeguard dem Zugriff der Spartan (siehe Seite 204) entkommen sind. Die Sprint wird mit einer separaten Sprengladung, die beim Laden des Startsilos unter der Lenkwaffe zu liegen kommt, aus ihrem unter-

irdischen Silo ausgestoßen. Das Sprint-Triebwerk zündet erst dann, wenn die Lenkwaffe vom Silo freigekommen ist. In dieser Phase hat dann die Sprint die höchste Beschleunigung aller US-Lenkwaffen und eine außergewöhnliche Manövrierfähigkeit, die sie zum Abfangen eines in geringer Höhe anfliegenden Thermonukleargefechtskopfes auch benötigt. Die präzise Steuerung der Sprint-Flugbahn erfolgt über Fernlenksignale vom Bodenradar.

Die Sprint-Entwicklung begann 1963. Der erste Schießversuch im November 1963 verlief erfolgreich. Am 23. Dezember 1970 wurde ein bedeutender Meilenstein im Programm erreicht, als eine vom Kwajalein-Atoll im Pazifik gestartete Sprint den Wiedereintrittskörper einer Minuteman-Interkontinentalrakete abfing, die von der Vandenberg AFB in California, also in einer Entfernung von ca. 6760 km, zum Abschuß gelangt war. Im Rahmen eines Produktionsauftrags wurden im Dezember 1970 eine für drei Safeguard-Basen ausreichende Zahl Sprint geordert.

## SRAAM 75 — Großbritannien

**Luft-Luft-Lenkwaffe geringer Reichweite; in Entwicklung.**

**Hauptauftragnehmer:** Hawker Siddeley Dynamics Ltd.
**Zelle:** Schlanker, zylindrischer Rumpf mit sechs kleinen rechteckigen Heckflächen vor der Raketendüse. Halbkugelig verglaster Bug.
**Lenkung und Steuerung:** Infrarot-Lenksystem. Wahrscheinlich Schubvektor-Steuerungssystem.
**Gefechtskopf:** Hochexplosiv.
**Länge:** 2,80 m
**Rumpfdurchmesser:** 0,17 m

Vollmaßstäbliche Attrappe der SRAAM.

ENTWICKLUNG UND TRUPPENDIENST

Die SRAAM, die ursprünglich als Taildog bekannt war, wurde für die gleiche Luftkampf-Einsatzrolle konzipiert wie die Agile der US Navy (siehe Seite 13). Die SRAAM (Short-Range Air-to-Air Missile = Luft - Luft - Lenkwaffe geringer Reichweite) soll solche Waffen wie z. B. die Red Top eher ergänzen als ersetzen. Die SRAAM-Arbeiten wurden 1970 auf einen Vorentwicklungsvertrag hin aufgenommen mit dem Ziel, eine sehr zuverlässige Waffe geringer Kosten zu schaffen, die auf jedem Abfangjäger-, Erdkampf- oder Aufklärungs-Flugzeugtyp mitgeführt werden kann, ohne daß irgendwelche Modifizierungsarbeiten notwendig werden.

## SRAM (AGM-69A, WS-140A) USA

**Luft-Boden-Lenkwaffe geringer Reichweite; in Serienbau.**

**Hauptauftragnehmer:** The Boeing Company.
**Antrieb:** Wiederstartbarer Feststoff-Raketenmotor LPC-415 der Lockheed Propulsion Company.
**Zelle:** Rumpf mit Kreisquerschnitt, der sich gegen das Heck hin verjüngt und mit einem langgestreckten, spitz zulaufenden Bug versehen ist. Drei in gleichem Abstand voneinander angeordnete Hecksteuerflächen um die Schubdüse herum, die von einem zerstörbaren Heckkonus verkleidet wird, wenn die Lenkwaffe außen mitgeführt wird.
**Lenkung und Steuerung:** Trägheitslenkung der Kearfott Systems Division der General Precision Inc. Steuerung über Heckflächen.
**Gefechtskopf:** Nuklear.
**Länge:** 4,27 m
**Rumpfdurchmesser:** 0,445 m
**Gewicht:** ca. 900 kg
**Marschgeschwindigkeit:** Mach 2,5
**max. Reichweite:** 160 km

Achtfach-Dreh-Startanlage der SRAM.

Endüberprüfung der SRAM vor der Auslieferung.

## ENTWICKLUNG UND TRUPPENDIENST

Im Dezember 1963 begann man bei Boeing an der Entwicklung einer Angriffs-Lenkwaffe geringer Reichweite zu arbeiten, um den Versionen B-52G und H des strategischen Bombers Stratofortress neue Einsatzmöglichkeiten einzuräumen. Im Juli 1965 drückte die US Air Force den Wunsch zur Beschaffung einer derartigen Waffe aus. Nach der Untersuchung von Konkurrenzentwürfen von fünf Unternehmen entschied man sich für Boeing als Hauptauftragnehmer im Programm AGM-69A (andere Bezeichnung Weapon System 140 A). Gegenwärtig sehen die Pläne vor, daß auf jeder B-52G/H 20 SRAM mitgeführt werden, von denen 12 – in „Bündeln" von je drei Stück – unter dem Tragflügel und acht im hinteren Bombenschacht, zusammen mit vier thermonuklearen Waffen Mk. 28, untergebracht werden. Die Schwenkflügelbomber General Dynamics FB-111A des Strategic Air Command sind mit je sechs SRAM – davon vier an schwenkbaren Unterflügel-Aufhängestationen und zwei im Waffenschacht – ausgerüstet. Seit 1969 wurden von beiden genannten Flugzeugmustern aus Schießversuche durchgeführt. Im Rahmen eines von einer USAF-Besatzung einer B-52 durchgeführten Tests wurden 1970 mit zwei unmittelbar hintereinander abgefeuerten SRAM zwei getrennte Ziele getroffen. Im Januar 1971 stimmte die US Air Force der Serienfertigung zu. Die SRAM (Short-Range Attack Missile = Angriffslenkwaffe gerin-

Abschuß einer SRAM von einer B-52 Stratofortress.

ger Reichweite) soll als Bewaffnung des strategischen Überschall-Schwenkflügelbombers North American Rockwell B-1 dienen, sowie dieser in Dienst gestellt wird. Der Schlüssel zur Zielgenauigkeit der SRAM ist die Informationsfülle, die vor dem Start dem Lenksystem eingegeben wird. Die Guidance and Controls Division der Firma Litton Industries zeichnet für die Trägheitsmeßanlage der B-52 verantwortlich, während die Autonetics Division von North American Rockwell für den Bordcomputer der B-52 und der FB-111 zuständig ist. IBM hat die Aufgabe, die Modifikation des Bomben- und Navigationssystems der B-52 durchzuführen. Die Lenkwaffe ist in der Lage, scharfe Kurven zu fliegen, um der gegnerischen Abwehr zu entgehen, ist unempfindlich gegen feindliche elektronische Gegenmaßnahmen und erscheint nicht größer als ein Maschinengewehr-Geschoß auf dem Radarschirm. Der Reichweitenbereich soll von 160 km in großen Höhen bis 55 km in Bodennähe variieren.

# SS.10 (Nord 5203) — Frankreich

**Panzerbekämpfungs-Lenkwaffe; in Truppendienst.**

**Hauptauftragnehmer:** Nord-Aviation (heute Aérospatiale).
**Antrieb:** Zweistufiger Feststoff-Raketenmotor.
**Zelle:** Zylindrischer Rumpf mit abgerundetem Bug. Kreuzförmig angeordnete Flächen mit je einer kleinen Steuerfläche in der Wurzel der Hinterkante.
**Lenkung und Steuerung:** Drahtlenkung. Steuerung über kleine Hecksteuerflächen.
**Gefechtskopf:** Hochexplosiv, Gewicht 5 kg.
**Länge:** 0,86 m
**Rumpfdurchmesser:** 0,165 m
**Spannweite:** 0,75 m
**Startgewicht:** 14,8 kg
**Höchstgeschwindigkeit:** 285 km/h
**Reichweitengrenzen:** 300 bis 1 500 m

ENTWICKLUNG UND TRUPPENDIENST

Die SS. 10, ein „Zeitgenosse" der Entac (siehe Seite 46) und ähnlich in der Auslegung und Größe wie diese, war eine der ersten Lenkwaffen, die einsatzmäßig verwendet wurden. Die israelische Armee bekämpfte mit ihr erfolgreich gepanzerte ägyptische Kampffahrzeuge während der Suez-Kampagne des Jahres 1956. Viele andere Länder beschafften die SS. 10 als Standard-Infanteriewaffe, darunter Frankreich, Schweden und die Bundesrepublik. Lange Zeit konnte die Produktion mit einem monatlichen Ausstoß von 400 bis 500 Stück in Gang gehalten werden. Zur Zeit setzen noch mindestens neun Länder die SS. 10 ein, obwohl sie bereits durch das Erscheinen anderer, neuerer Waffen als überholt gilt. Die SS. 10 wurde darauf ausgelegt, vom Boden aus abgefeuert zu werden, wobei der schachtelartige Transportbehälter als Startcontainer dient. Ferner konnte mit Erfolg der Abschuß von Jeeps, Leichtflugzeugen und Hubschraubern aus durchgeführt werden.

# SS.11 — Frankreich

**Boden-Boden-Gefechtsfeld-Lenkwaffe; in Serienbau und Truppendienst.**

**Hauptauftragnehmer:** Nord-Aviation/Aérospatiale, Division Engins Tactiques.
**Antrieb:** Zweistufiger Feststoff-Raketenmotor.
**Zelle:** Zylindrischer Rumpf mit kreuzförmig angeordneten, gepfeilten Flächen und abgerundetem Bug.
**Lenkung und Steuerung:** Drahtlenkung durch Visierlinien-Kommandos über den Steuerknüppel des Operators. Drallstabilisierung. Steuerung durch Ablenkung der Marschtriebwerk-Abgase.
**Gefechtskopf:** Entweder panzerbrechend (60 cm Stahlpanzerung), hochexplosiv (1 cm Panzerung auf volle Reichweite) oder Splittergefechtskopf gegen lebende Ziele (mit Aufschlagzünder).
**Länge:** 1,20 m
**Rumpfdurchmesser:** 0,16 m
**Startgewicht:** 29,9 kg
**Marschgeschwindigkeit:** 580 km/h
**Reichweitengrenzen:** 500 bis 3000 m

ENTWICKLUNG UND TRUPPENDIENST

Nord-Aviation entwickelte diese sehr schlagkräftige Lenkwaffe als Nachfolgemuster der sehr erfolgreichen SS. 10 (siehe Seite vorher) und Entac (siehe Seite 46). Die Serienproduktion wird bei der Aérospatiale mit einer Fertigungsrate von monatlich 600 Stück (einschließlich AS. 11) fortgeführt, und mit Datum 1971 waren 148000 Lenkwaffen zur Auslieferung gelangt. Die SS. 11 wird bei allen drei Streitkräfteteilen Frankreichs und

SS.11-Startanlage auf einem Jeep.

bei den Streitkräften von 18 anderen Ländern eingesetzt, darunter die USA und Großbritannien.

Größer als die SS.10, wird die SS. 11 normalerweise von Bodenfahrzeugen und leichten Marinebooten, darunter auch Hovercraft, aus, zum Abschuß gebracht. Sie kann jedoch auch von Gebirgsjäger-, Fallschirmspringer- oder Küstenverteidigungstruppen von einem Bodenstartgerät aus verschossen werden. Im Einsatz verfolgt der Operator sowohl die Lenkwaffe als auch das Ziel mit einem Vergrößerungsvisier und lenkt die Lenkwaffe über einen Steuerknüppel. Die Zielverfolgung wird durch Flares am Lenkwaffenheck erleichtert. Die Standard-Serienversion war seit 1962 die SS. 11 B. 1 (und AS. 11 B. 1) mit transistorisierter Feuerausrüstung. Die Harpon (siehe Seite 50) ähnelt der SS. 11, verwendet jedoch ein automatisches Fernlenksystem.

## SS-11 — UdSSR

**Ballistische Interkontinentalrakete; in Truppendienst.**

**Antrieb:** Flüssigtreibstoff-Raketentriebwerke (lagerfähig).
**Gefechtskopf:** Thermonuklear, Sprengkraft ca. eine Megatonne, mit Radar-Störung. Oder Mehrfach-Gefechtskopf mit drei einzelnen Sprengladungen und Störkörpern (vielleicht bereits einsatzreif).
**max. Reichweite:** 10500 km.

### ENTWICKLUNG UND TRUPPENDIENST

Über die SS-11 ist wenig bekannt. Offiziellen US-Erklärungen kann jedoch entnommen werden, daß 800 von den insgesamt 1200 1970 einsatzbereiten sowjetischen Interkontinentalraketen SS-11 waren. Die SS-11 soll seit 1966 – in getarnten Silo-Startanlagen – im Dienst stehen. Das Nachfolgemuster soll die mit Feststofftriebwerken ausgerüstete SS-13 sein. Wie der amerikanische Geheimdienst berichtet, sind am 27. und 28. Juli 1970 zwei SS-11 mit Gefechtsköpfen einer Sprengkraft von einer Megatonne vom Erprobungsgelände Tyuratam in Kasachstan aus gestartet worden und haben eine Entfernung von 9200 km bis in den pazifischen Raum zurückgelegt. Zwei weitere SS-11 wurden identifiziert, als sie am 21. August 1970 gerade am Ende ihres 10500 km weiten Fluges angelangt waren. Diese SS-11 waren mit Mehrfach-Gefechtsköpfen ausgerüstet.

## SS.12

## Frankreich

**Taktische Boden-Boden-Lenkwaffe; in Truppendienst.**

**Hauptauftragnehmer:** Nord-Aviation/Aérospatiale, Division Engins Tactiques.
**Antrieb:** Doppelschub-Feststoff-Raketenmotor.
**Zelle:** Zylindrischer Rumpf mit kreuzförmig angeordneten Flächen auf halber Länge und aufgedicktem, abgerundetem Bug. Zwei Marschtriebwerkdüsen hinter den Flächen zu beiden Seiten des Rumpfes.
**Lenkung und Steuerung:** Drahtlenkung und Drallstabilisierung. Als Alternative kann auch ein optisches Ziel- und Infrarot-Zielverfolgungssystem verwendet werden. Steuerung durch Marschtriebwerk-Strahlablenkung.
**Gefechtskopf:** Entweder panzerbrechend (mehr als 4 cm Stahlpanzerung), Hohlladung für Panzerbekämpfung oder Splittergefechtskopf gegen lebende Ziele. Gewicht jedes Gefechtskopf-Typs 30 kg.
**Länge:** 1,87 m
**Rumpfdurchmesser:** 0,18 m
**Spannweite:** 0,65 m
**Startgewicht:** 75 kg
**Marschgeschwindigkeit:** 685 km/h
**max. Reichweite:** 6000 m

### ENTWICKLUNG UND TRUPPENDIENST

Durch die maßstäbliche Vergrößerung ihrer erfolgreichen Lenkwaffenkonstruktion SS. 11 (siehe vorherige Seite) schuf die Nord-Aviation, die heutige Aérospatiale, die immer noch kompakte SS. 12, die mit einem ca. vier Mal so schweren Gefechtskopf ausgerüstet ist. Dadurch wird die SS. 12 geeignet für den Einsatz gegen Befestigungen, gegen alle Fahrzeugtypen einschließlich Panzer und Schiffen. Die Standardversion

verwendet eine optische Visierlinien-Kommandosteuerung über Draht. Die SS. 12 kann jedoch auch auf die halbautomatische TCA-Fernsteuerung umgestellt werden, wie sie für das Luft-Boden-Lenkwaffensystem AS. 30 auf Seite 21 beschrieben ist. Eine weitere Ableitung aus der SS. 12 ist die Marinelenkwaffe SS. 12M, die am 15. Juni 1966 vor Marineoffizieren aus acht Ländern auf dem Küstenpatrouillenschiff La Combattante vor Toulon erstmals vorgeführt wurde. Bei dieser Gelegenheit wurden zwei SS. 12M von einer leichten Startanlage aus gegen ein bewegtes Ziel in einer Entfernung von 5,5 km abgeschossen; dabei gelangte ein von außen unabhängiges optisches Visier-, Lenk- und Steuerungssystem zur Anwendung. Beide Lenkwaffen trafen innerhalb von 1 m des Zielpunktes auf. Die Höhe über der Wasserlinie betrug ebenfalls 1 m. Die ersten Einsatz-Patrouillen-Schnellboote, die mit der SS. 12M ausgerüstet wurden, waren die drei Vosper Thornycroft-Schiffe der libyschen Marine, von denen jedes mit zwei Vierfach-Startanlagen bestückt ist, auf denen sowohl SS. 12M als auch SS. 11 (für Trainingszwecke) montiert werden können.

**Ballistische Boden-Boden-Lenkwaffe; in Truppendienst.**

**Hauptauftragnehmer:** Aérospatiale, Division des Systèmes Balistiques et Spatiaux.
**Antrieb:** Erststufe Feststoff-Raketentriebwerk PNSM P. 16 (Norma Typ 902). Zweitstufe Feststoff-Raketentriebwerk PNSM P. 10 (Norma Typ 903).
**Zelle:** Zweistufen-Auslegung. Zylindrischer Rumpf konstanten Durchmessers mit im wesentlichen zylindrischem Wiedereintrittskörper geringeren Durchmessers. Erststufen-Verkleidung aus Metall. Zweitstufen-Verkleidung aus Vascojet 1000. Keine Flossen oder Flächen.
**Lenkung und Steuerung:** Trägheitslenksystem. Jede Stufe verfügt über vier schwenkbare Düsen zur Steuerung.
**Gefechtskopf:** Nuklear, Sprengkraft ca. 150 Kilotonnen.
**Länge:** 14,80 m
**max. Rumpfdurchmesser:** 1,50 m
**Startgewicht:** 31 900 kg
**max. Reichweite:** 3 000 km

Eine SSBS in ihrem Startsilo.

## ENTWICKLUNG UND TRUPPENDIENST

Zwei Einsatzstaffeln des 1[er] Groupement des Missiles Stratégiques der französischen Luftstreitkräfte verfügen zur Zeit über insgesamt 18 SSBS-Lenkwaffen (SSBS = Sol-Sol Balistique Stratégique = Strategische ballistische Boden-Boden-Lenkwaffe), die in unterirdischen Startsilos unter dem Plateau d'Albion östlich von Avignon in der Provence stationiert sind. Feuerleitzonen befinden sich in Rustrel (Vaucluse) und Reilhannette (Drôme). Die Lenkwaffen sind dauernd in Alarmbereitschaft und sind so ausgelegt, daß die Silotore rasch über Fernlenkung geöffnet werden können, ohne daß auf den weit auseinanderliegenden Startanlagen dazu Bedienmannschaften benötigt werden. Ursprünglich war die Bildung von drei SSBS-Lenkwaffenstaffeln als eine Art zweiter Generation der Force de Frappe geplant, die die strategische Bomberflotte von Mirage IVA der französischen Luftstreitkräfte und die noch aufzustellende MSBS-U-Boot-Lenkwaffenflotte der französischen Marine ergänzen sollte. Durch Budgetkürzungen wurde jedoch eine Staffel gestrichen. Die Indienststellung der beiden anderen Staffeln lief an, nachdem die letzte Prototyp-Lenkwaffe S-02 einen erfolgreichen 2500 km-Flug in Richtung Azoren durchgeführt hatte – der Startpunkt war ein Silo im Testzentrum Landes. Die gegenwärtig eingebauten Gefechtsköpfe sollen in Bälde durch thermonukleare Sprengköpfe ersetzt werden.

## SS-N? UdSSR

**Boden-Boden-Lenkwaffe; in Truppendienst.**

ENTWICKLUNG UND TRUPPENDIENST

Die fünf nukleargetriebenen U-Boote der sowjetischen Hochgeschwindigkeits-Klasse C sind mit einer neuen Boden-Boden-Lenkwaffe ausgerüstet. Jedes U-Boot hat acht Startrohre. Die geschätzte Reichweite dieser Lenkwaffe, die noch keine westliche Bezeichnung und keinen NATO-Code erhalten hat, beträgt 48 km.

## Standard ARM (AGM-78) USA

**Luft-Boden- und Boden-Boden-Lenkwaffe gegen Radarziele; in Serienbau und Truppendienst.**

**Hauptauftragnehmer:** General Dynamics Corporation, Electro Dynamics Division.
**Antrieb:** Doppelschub-Feststoff-Raketenmotor von Aerojet-General.
**Zelle:** Zylindrischer Rumpf mit spitz zulaufendem Bug. Kreuzförmig angeordnete, langgestreckte Flächen geringer Spannweite mit im vorderen Bereich verringerter Spannweite, fluchtend zu den ebenfalls kreuzförmig angeordneten Hecksteuerflächen.
**Lenkung und Steuerung:** Passives Zielsuch-Lenksystem. Sucherkopf schaltet sich auf gegnerische Radar-Ausstrahlung auf. Steuerung über Heckflächen.
**Gefechtskopf:** Hochexplosiv.
**Länge:** 4,57 m
**Rumpfdurchmesser:** 0,305 m
**Startgewicht:** 816 kg
**Höchstgeschwindigkeit:** Mach 2
**max. Reichweite:** 25 km

Standard ARM-Startanlage an Bord eines Kanonenbootes der US Navy.

## ENTWICKLUNG UND TRUPPENDIENST

Die Entwurfsstudien für diese Anti-Radar-Version der RIM-66A Standard Missile (siehe nächste Seite) wurden 1966 gestartet. 1967 folgten die ersten Schießversuche; 1968 ging die Waffe in die volle Serienfertigung. Es ist die Aufgabe dieser Lenkwaffe, sich auf gegnerische Verteidigungs- und Lenkwaffen-Radars aufzuschalten und sie zu zerstören. Diese Aufgabe muß die Standard ARM auch dann durchführen können, wenn der Gegner elektronische Gegenmaßnahmen unternimmt und die feindliche Radar-Bedienmannschaft ihr Radargerät abschaltet, weil sie mutmaßt, daß die Radarsignale aufgenommen und zur Lieferung von Zieldaten für einen Angriff herangezogen werden. Aus diesem Grund ist das Haupterkennungsmerkmal der Flugzeuge, die als Träger für die Standard ARM dienen, ein sogenanntes Zielidentifizierungs- und Erfassungssystem, das aufgrund der Daten, die aufgezeichnet wurden, noch bevor das gegnerische Radar abgeschaltet wurde, die Flugbahn errechnet.

Die Standard ARM wird auf den A-6 der US Navy und auf den F-105

Standard ARM unter der Tragfläche einer A-6A Intruder.

der USAF mitgeführt und soll auch auf anderen Flugzeugmustern zum Einsatz gelangen, so auf den ECM-Flugzeugen E-2C Hawkeye und EA-6B (ECM = Electronic Countermeasures = elektronische Gegenmaßnahmen). In der Originalversion war ein Standard-Sucherkopf von Texas Instruments eingebaut, wie ihn auch die Shrike-Lenkwaffe besitzt (siehe Seite 195). Später gelangte ein verbesserter Sucherkopf von Maxson Electronics zum Einbau (in der AGM-78B). Zur Zeit werden weitere verbesserte Varianten entwickelt, die einen Sucherkopf von General Dynamics/Pomona aufweisen.

Die US Navy führte im Jahre 1971 Standard ARM-Schießversuche von einem Spezial-Startgerät aus durch, das auf einem Patrouillen-Kanonenboot montiert war. Ziel dieser Versuche war die Überprüfung der Verwendungsmöglichkeit der Waffe in der Boden-Boden-Einsatzrolle. Man nimmt an, daß die Resultate vielversprechend waren.

## Standard Missile (RIM-66A/RIM-67A) USA

**Schiffgestützte Boden-Luft-Lenkwaffen (Überschallgeschwindigkeit); in Serienbau und Truppendienst.**

**Hauptauftragnehmer:** General Dynamics Corporation, Electro Dynamics Division.
**Antrieb:** Die RIM-66A besitzt einen Doppelschub-Feststoff-Raketenmotor, während die RIM-67A über zweistufige Feststoff-Raketenmotoren in Tandem-Bauweise verfügt. Hersteller jeweils Navy Ordnance System Command.
**Zelle:** Die RIM-66A besitzt einen zylindrischen Rumpf mit spitz zulaufendem Bug und kreuzförmig angeordneten langgestreckten Flächen geringer Spannweite, deren vorderer Teil noch geringere Spannweite aufweist und die mit den ebenfalls kreuzförmig angeordneten Hecksteuerflächen fluchten. Die Zweitstufe der RIM-67 gleicht äußerlich der RIM-66A. Die Erststufe der RIM-67A besteht aus einem zylindrischen Starttriebwerk mit kreuzförmig angeordneten Heckflossen, die mit den Flächen der Zweitstufe fluchten.
**Lenkung und Steuerung:** Halbaktive Radar-Zielsuchlenkung von General Dynamics/Pomona. Steuerung über Heckflächen.
**Gefechtskopf:** Hochexplosiv, mit Aufschlag- und Annäherungszünder.
**Länge:** RIM-66A 4,57 m, RIM-67A 8,23 m
**Rumpfdurchmesser:** 0,305 m
**Startgewicht:** RIM-66A 590 kg, RIM-67A 1360 kg
**max. Reichweite:** RIM-66A 24 km, RIM-67A 56 km

## ENTWICKLUNG UND TRUPPENDIENST

Diese beiden schiffgestützten Lenkwaffen wurden von General Dynamics entwickelt, um die Tartar und Advanced Terrier (siehe Seiten 229 bzw. 11) abzulösen, denen sie auch äußerlich gleichen. Die Einfachheit und Zuverlässigkeit der beiden Waffen ergaben sich aus der Tatsache, daß man ausschließlich Festkörperelektronik und ein rein elektrisches Steuerungssystem — ohne Pneumatik oder Hydraulik — zum Einbau brachte. Die beiden Konfigurationen, die bisweilen auch als MR (Medium-Range Standard Missile = Standard-Lenkwaffe mittlerer Reichweite) und ER (Extended-Range Standard Missile = Standard-Lenkwaffe vergrößerter Reichweite) bekannt sind, sind für den Einsatz auf Kreuzern und Zerstörern (MR) bzw. Fregatten (ER) gedacht. Sie sind gleich schlagkräftig gegen Flugzeuge und Anti-Schiff-Lenkwaffen, und zwar bis herunter auf sehr geringe Höhen, und sind auch in der Boden-Boden-Einsatzrolle zu verwenden. Ca. 70 Schiffe der US Navy waren bis Mitte 1971 mit Standard Missile ausgerüstet. Mitte der siebziger Jahre soll die Indienststellung beendet sein. Die Standard Missile bildet die Grundlage des Standard-ARM-Systems (ARM = Anti-Radiation-Missile = Lenkwaffe gegen Radarziele). Sie soll auch in das Aegis-Verteidigungssystem (siehe Seite 12) eingegliedert werden.

RIM-66A in der Startanlage an Bord eines US-Schiffes.

# Styx (SS-N-2)

# UdSSR

**Schiffgestützte Boden-Boden-Lenkwaffe; in Truppendienst.**

**Antrieb:** Marsch-Raketentriebwerksdüsen im Heck. Abwerfbares Feststoff-Starttriebwerk mit nach unten abgeknickter Düse unter dem Heck.
**Zelle:** Flugzeugauslegung. Rumpf mit Kreisquerschnitt, rundem Bug und sich verjüngendem Heck. Flügel in Mitteldeckeranordnung (gekapptes Delta) mit fast über die ganze Spannweite laufenden Querrudern. Drei identische Heckflächen, jede aus einer festen Flosse und einer Steuerfläche an der Hinterkante bestehend.
**Lenkung und Steuerung:** Wahrscheinlich Radar-Zielsuchsystem. Steuerung über Querruder und Heckflächen.
**Gefechtskopf:** Hochexplosiv.
**Länge:** 6,50 m
**max. Rumpfdurchmesser:** 0,70 m
**Spannweite:** 2,70 m
**max. Reichweite:** 46 km

ENTWICKLUNG UND TRUPPENDIENST

Diese Schiff-Schiff-Waffe gilt als eine der wenigen existierenden modernen Boden-Boden-Lenkwaffen mit erwiesener Einsatzwirksamkeit. Die Gelegenheit, diese Schlagkraft unter Beweis zu stellen, war am 21. Oktober 1967 gegeben, als der israelische Zerstörer Eilat vor Port Said, in einer Entfernung von ca. 24 km, erfaßt wurde. Eine Reihe von Styx-Lenkwaffen wurde von den in der Sowjetunion gebauten Patrouillenbooten der Osa-Klasse, die der ägyptischen Marine gehören und die im schützenden Hafen von Port Said lagen, zum Abschuß gebracht. Einige Styx trafen die Eilat, die daraufhin sank.

Jedes Schiff der Osa-Klasse hat vier startbereite Styx in Behältern an Bord, die zu beiden Seiten des Hinterdecks angeordnet sind. Die schnellen Patrouillenboote der Komar-Klasse haben zwei ähnliche Startbehälter an Bord. In der sowjetischen Marine tun zur Zeit etwa 125 Schiffe dieser beiden Klassen Dienst. Nahezu die gleiche Zahl wurde an die Marinestreitkräfte Algeriens, der Volksrepublik China, Kubas, Ägyptens, der DDR, Indonesiens, Polens, Rumäniens, Syriens und Jugoslawiens ausgeliefert. Ferner führen die sechs sowjetischen Korvetten der Nanuchka-Klasse je sechs Styx-Lenkwaffen an zwei Dreifach-Startanlagen mit.

## Subroc (UUM-44A) USA

**Unterwasser-Unterwasser-Lenkwaffe; in Serienbau und Truppendienst.**

**Hauptauftragnehmer:** Goodyear Aerospace Corporation.
**Antrieb:** Feststoff-Tandem-Starttriebwerk von Thiokol mit vier Düsen (für Strahlablenkung ausgelegt).
**Zelle:** Die Erststufe besteht aus dem Thiokol-Raketenmotor und einer zylindrischen Verkleidung. Auch die Zweitstufe hat einen zylindrischen Rumpf mit einem kurzen, spitz zulaufenden Bugkonus und vier Heckflossen, hat jedoch geringeren Durchmesser als die Erststufe.
**Lenkung und Steuerung:** Trägheitslenksystem in Leichtbauweise von General Precision Inc. Steuerung über Schubvektorsystem und aerodynamische Heckflächen.
**Gefechtskopf:** Nuklear-Wasserbombe.
**Länge:** 6,40 m
**max. Rumpfdurchmesser:** 0,53 m
**Startgewicht:** 1815 kg
**max. Reichweite:** 40 bis 48 km

## ENTWICKLUNG UND TRUPPENDIENST

Die Subroc ist eine der ungewöhnlichsten heute im Einsatz stehenden Lenkwaffen. Sie wird aus einem normalen Torpedorohr eines getauchten U-Bootes abgeschossen, gelangt mit Eigenantrieb an die Wasseroberfläche, taucht auf und schlägt dann eine ballistische Flugbahn zur vorbestimmten Position des gegnerischen U-Bootes ein, das sie dann mit einer Nuklear-Wasserbombe angreift. Um diesen komplizierten Einsatzablauf zu ermöglichen, besitzt das große Starttriebwerk sogenannte Schubvektordüsen, die es der Lenkwaffe gestatten, den Kurs sowohl unter Wasser als auch im Flug zu ändern. Der Motor selbst zündet erst, wenn die Lenkwaffe bereits eine sichere Distanz zum U-Boot aufweist. Das U-Boot braucht beim Abschuß nicht in Zielrichtung gedreht werden. Hat die Subroc die Wasseroberfläche durchstoßen, so wird sie von ihrem Trägheitslenksystem in Richtung Ziel geführt, dessen Position, Kurs und Marschgeschwindigkeit vor dem Start in das System eingegeben wurden. In einer vorbestimmten Entfernung wird das Starttriebwerk durch Schubumkehr und ein mechanisches Trennsystem abgestoßen. Die Wasserbombe setzt dann ihre ballistische Flugbahn fort, wobei das Trägheitsnavigationssystem über die Heckflossen die Steuerkommandos gibt und auch Position und Eindringwinkel der Bombe ins Wasser kontrolliert. Über ein Spezialsystem wird der mit Überschallgeschwindigkeit erfolgende Aufschlag auf die Wasseroberfläche gedämpft. Dann sinkt die Wasserbombe auf die richtige Tiefe und explodiert.

Die Subroc wurde 1965 in Dienst

gestellt, nachdem eine sehr erfolgreiche Schießversuchsreihe, die über die volle Reichweite der Lenkwaffe durchgeführt wurde, im Pazifik von USS Plunger aus über die Bühne gegangen war. Die Serienfertigung läuft gegenwärtig und hat die Ausrüstung der nukleargetriebenen Hochgeschwindigkeits-U-Boote der US Navy, die in weltweitem Einsatz stehen, zum Ziel.

## Super 530

## Frankreich

**Luft-Luft-Lenkwaffe; in Entwicklung.**

**Hauptauftragnehmer:** SA Engins Matra.

### ENTWICKLUNG UND TRUPPENDIENST

Über diese neue Waffe, mit der die Mirage F-1-Interzeptoren der französischen Luftstreitkräfte ausgerüstet werden sollen, ist bis heute nur wenig bekannt geworden. Die Super 530 soll jedoch, so heißt es, verschiedene Komponenten der R. 530 enthalten (siehe Seite 143), aber mit aerodynamischen Entwurfsverbesserungen, leistungsstärkerem Triebwerk und wirksamerer Elektronik ausgerüstet sein. Die Reichweite soll gegenüber der R. 530 mehr als verdoppelt worden sein. Alles, was offiziell zur Super 530 verlautete, besagt nicht mehr, als daß es sich dabei um eine Allwetter-Lenkwaffe handelt, die auch Ziele zerstören kann, die in einer zum Trägerflugzeug unterschiedlichen Höhe fliegen.

# Super Falcon (AIM-4F/G) USA

**Luft-Luft-Lenkwaffe; in Truppendienst.**

AIM-4F (links) und AIM-4G (rechts) Super Falcon.

**Hauptauftragnehmer:** Hughes Aircraft Company.
**Antrieb:** Zweistufiger Feststoff-Raketenmotor Thiokol M46. Schub der Erststufe 2720 kp.
**Zelle:** Zylindrischer Rumpf mit kreuzförmig angeordneten, langgestreckten Deltaflächen, die nach vorn in je eine lange Leitfläche geringer Spannweite einmünden. Kreuzförmig angeordnete Hecksteuerflächen hinter den Flächen. Die AIM-4F hat einen Bug mit einer mittig installierten Sonde, während die AIM-4G einen sich verjüngenden Bug mit halbkugeliger Glasverkleidung aufweist.
**Lenkung und Steuerung:** Halbaktive Radar-Zielsuchlenkung bei der AIM-4F. Bei der AIM-4G wird ein Infrarot-Zielsuchsystem verwendet. Steuerung über Heckflächen.
**Gefechtskopf:** Hochexplosiv, Gewicht 18 kg.
**Länge:** AIM-4F 2,18 m, AIM-4G 2,06 m
**Rumpfdurchmesser:** 0,17 m
**Spannweite:** 0,61 m
**Startgewicht:** AIM-4F 68 kg, AIM-4G 65,7 kg
**Höchstgeschwindigkeit:** Mach 2,5
**max. Reichweite:** 11 km

## ENTWICKLUNG UND TRUPPENDIENST

Die Super Falcon wurde als Zwischenlösung zwischen der AIM-4A/C Falcon und der AIM-26 Falcon entwickelt. Die erste Version, die 1958 zur Einführung bei der Truppe gelangte, war die mit Radarzielsuche ausgerüstete AIM-4E (ursprüngliche Bezeichnung GAR-3), auf die 1960 die verbesserte AIM-4F (GAR-3A) folgte, nachdem nur 300 AIM-4E gebaut worden waren. Gleichzeitig stellte Hughes die AIM-4G (GAR-4A) mit Infrarot-Zielsuchkopf vor. Seit dieser Zeit gehört eine „Mischung" aus vier AIM-4F bzw. G zur Standardbewaffnung in den Waffenschächten der Convair F-106 Delta Dart-Interzeptoren der USAF. Die Super Falcon liegen leistungsmäßig höher als die früheren Falcon-Varianten und sind weniger empfindlich gegen elektronische Gegenmaßnahmen des Gegners.

# Swatter UdSSR

**Panzerbekämpfungs-Lenkwaffe; in Truppendienst.**

**Antrieb:** Feststoff-Raketenmotor.
**Zelle:** Zylindrischer Rumpf mit abgerundetem Bug. Kreuzförmig angeordnete Flächen im Heck mit je einer Steuerfläche an der Hinterkante. Verfolgungs-Flares auf zwei Flächen im Bereich innerhalb der Steuerflächen. Zwei kleine bewegliche Vorflächen. Zwei Triebwerksdüsen zwischen den Flächen an entgegengesetzten Rumpfseiten.
**Lenkung und Steuerung:** Drahtlenkung, möglicherweise mit Zielsuche in der Endphase des Fluges. Steuerung über Flächen-Elevons, vielleicht unterstützt – in der Endphase des Fluges – durch vordere Steuerflächen.
**Gefechtskopf:** Hochexplosiv.
**Länge:** 1,12 m
**Spannweite:** 0,65 m

## ENTWICKLUNG UND TRUPPENDIENST

Diese Panzerbekämpfungs-Lenkwaffe der zweiten Generation wurde zuerst an einem Vierfach-Startgerät (einziehbar) auf einem BRDM-Fahrzeug beobachtet, und zwar einige Jahre, nachdem die Snapper (siehe Seite 201) in Dienst gestellt worden war. Die Swatter ist eine fortgeschrittenere Waffe als die Snapper und dürfte etwa der Klasse der französischen SS. 11 zuzuordnen sein.

## Swingfire — Großbritannien

**Panzerbekämpfungs-Lenkwaffe großer Reichweite; in Serienbau und Truppendienst.**

**Hauptauftragnehmer:** British Aircraft Corporation, Guided Weapons Division.
**Antrieb:** Feststoff-Raketenmotor.
**Zelle:** Zylindrischer Rumpf mit spitz zulaufendem Bug und federbelasteten, kreuzförmig angeordneten Flächen, die im Transportbehälter gegen das Lenkwaffenheck gefaltet werden und erst nach dem Start in ihre ausgeklappte Stellung gehen.
**Lenkung und Steuerung:** Drahtlenkung. Steuerkommandos werden vom Operator über einen Steuerknüppel gegeben. Steuerung über schwenkbare Triebwerkdüse (als Jetavator bezeichnet).
**Gefechtskopf:** Hochexplosive Hohlladung, die jedes bekannte Panzermuster zerstören kann.
**Länge:** 1,07 m
**Rumpfdurchmesser:** 0,17 m
**Spannweite:** 0,37 m
**max. Reichweite:** 4000 m

### ENTWICKLUNG UND TRUPPENDIENST

Bevor die Lenkwaffentätigkeit der Firma Fairey Engineering Ltd. von der British Aircraft Corporation (AT) Ltd. fortgeführt wurde, arbeitete Fairey an einer ferngelenkten Panzerbekämpfungswaffe mit der Bezeichnung Orange William. Einige Merkmale dieser Lenkwaffe sind auch in der Swingfire wiederzufinden, an der Anfang der sechziger Jahre die Entwicklungsarbeiten mit dem Ziel aufgenommen wurden, die im britischen Armee-Dienst befindliche Malkara abzulösen. Der Name Swingfire resultiert aus der Tatsache, daß sie von einem festen Startgerät aus einen Bogen von 90° einschlagen kann, was gleichbedeutend ist, daß sie von einem getarnten Fahrzeug aus „um die Ecke" gestartet werden kann. Ist die Swingfire auf einem schwenkbaren Turm montiert, dann können die gegnerischen Ziele in einem 360°-Vollkreis abgefangen werden.
Der Raketenmotor der Swingfire ist auf relativ niedrige Startbeschleunigung ausgelegt, wodurch die Lenkwaffe genügend manövrierfähig bleibt, um Ziele in einer direkten Feuerentfernung von unter 150 m abzufangen. Die Swingfire wird von einem verschließ- und lagerbaren Container, der auf einer ganzen Reihe von Fahrzeugen installiert werden kann, zum Abschuß gebracht. Folgende Fahrzeuge sind dazu geeignet: Schützenpanzer FV 438 (zwei feuerbereite und 12 weitere Reserve-Lenkwaffen); Spähwagen FV 712 Ferret Mk. 5 (vier feuerbereite und zwei Reservelenkwaffen); das neue kettengetriebene Aufklärungs-Kampffahrzeug Alvis Striker der britischen Armee. Die Regimenter des Royal Armoured Corps haben die Swingfire seit

dem Jahre 1969 im Einsatz. Die belgische Armee wird die Lenkwaffe ebenfalls von ihren Striker-Fahrzeugen zum Abschuß bringen. Zur Zeit wird noch eine Luft-Boden-Version der Swingfire entwikkelt, die von Hubschraubern wie Lynx und Gazelle aus gestartet werden soll. Eine palettisierte Variante (sechs Schuß) kann auf nicht weiter modifizierten Fahrzeugen wie dem Land Rover mit vergrößertem Radstand mitgeführt werden. Diese Ableitung ist auch für den Transport mit Hubschraubern geeignet, kann aus der Luft abgeworfen und von Boden-Startanlagen verschossen werden. Das Gesamtgewicht beträgt nur 453 kg.

## Talos (RIM-8G-AAW und RIM-8H-ARM) USA

**Schiffgestützte Boden-Luft- und Boden-Boden-Lenkwaffe; in Truppendienst.**

**Hauptauftragnehmer:** The Bendix Corporation, Aerospace Systems Division.
**Antrieb:** Staustrahl-Marschtriebwerk eines Durchmessers von 0,71 m und einer Leistung von 40000 hp (Hersteller Bendix) und abwerfbares Feststoff-Starttriebwerk (Tandem-Bauweise) von Allegany Ballistics.
**Zelle:** Zweistufen-Auslegung, Tandem-Bauweise. Zylindrischer Lenkwaffenrumpf, der sich gegen den Bugeinlauf mit konischem Zentralkörper verjüngt. Schwenkbare, kreuzförmig angeordnete Flächen auf halbem Weg zwischen Bug und Heck der Marsch-Stufe, fluchtend mit ebenfalls kreuzförmig angeordneten, rechteckigen Heckflächen. Zylindrisches Starttriebwerk mit vier Heckflossen, die mit der Marsch-Stufe fluchten.
**Lenkung und Steuerung:** Leitstrahllenkung mit halbaktiver Radar-Zielsuche in der Endphase des Fluges. Steuerung über schwenkbare Flächen.
**Gefechtskopf:** Entweder nuklear oder hochexplosiv, mit Annäherungszünder.
**Länge:** Mit Starttriebwerk 11,58 m, ohne Starttriebwerk 6,40 m
**Rumpfdurchmesser:** 0,71 m
**Spannweite:** 2,90 m
**Startgewicht:** 1542 kg
**Höchstgeschwindigkeit:** Mach 2,5
**max. Reichweite:** 112 km

ENTWICKLUNG UND TRUPPENDIENST

Die Schlagkraft dieser großen staustrahlgetriebenen Lenkwaffe wurde 1968 unter Beweis gestellt, als Talos-Lenkwaffen, die vom nukleargetriebenen Kreuzer Long Beach aus zum Abschuß gebracht wurden, zwei über Nordvietnam fliegende MiG-Kampfflugzeuge in einer Entfernung von 112 km vom Trägerschiff zerstörten. Auf fünf weiteren Kreuzern der US Navy stehen heute noch Talos im Einsatz, und die Bezeichnung RIM-8H-ARM, die eine gegenwärtige Talos-Version trägt, läßt darauf schließen, daß sie mit einem Anti-Radar-Zielsuchkopf ausgerüstet ist, mit dem Boden-Boden-Einsätze gegen gegnerische Radaranlagen (auf See oder Land) durchgeführt werden können.
Die Talos war wie die Terrier (siehe Seite 11) eine der ersten amerikanischen Boden-Luft-Lenkwaffen überhaupt. Die Entwicklungsgeschichte dieser Waffe geht bis zum Bumblebee-Forschungsprogramm zurück, das das Laboratorium für Angewandte Physik der John S. Hopkins-Universität 1944 in Angriff nahm. Die Talos wurde zum ersten Mal auf See von USS Galveston am 24. Februar 1959 abgefeuert.

## Tartar (RIM-24) USA

**Schiffgestützte Boden-Luft-Lenkwaffe; in Truppendienst.**

**Hauptauftragnehmer:** General Dynamics Corporation.
**Antrieb:** Doppelschub-Feststoff-Raketenmotor von Aerojet-General.
**Zelle:** Zylindrischer Rumpf mit spitz zulaufendem Bug, kreuzförmig angeordneten, langgestreckten Flächen konstant geringer Spannweite und kreuzförmig angeordneten Hecksteuerflächen unmittelbar hinter den Hauptflächen.
**Lenkung und Steuerung:** Halbaktives Radarzielsuchsystem von Raytheon. Steuerung über Heckflächen.
**Gefechtskopf:** Hochexplosiv, mit Aufschlag- und Annäherungszünder.
**Länge:** 4,57 m
**Rumpfdurchmesser:** 0,34 m
**Startgewicht:** über 545 kg
**Höchstgeschwindigkeit:** über Mach 2,5
**max. Reichweite:** über 16 km

ENTWICKLUNG UND TRUPPENDIENST

Rein äußerlich besteht die Tartar aus der Erststufe der Advanced Terrier (siehe Seite 11). Sie wurde vom Bureau of Naval Weapons entwickelt und von Convair Pomona produziert mit dem Ziel, ein kompaktes Primär-Flugzeugabwehrsystem für die Zerstörer und Zerstörer-Eskorten der US Navy

sowie eine Sekundär-Abwehr für die Kreuzer der Navy zu schaffen. Die volle Serienfertigung setzte 1960 ein und war 1968 abgeschlossen. 1968 waren 33 Schiffe der US Navy, drei australische, vier französische, ein japanisches und zwei italienische Schiffe mit Tartar-Lenkwaffen ausgerüstet. Zur Zeit wird die Tartar vom Mittelstrecken-Standard Missile RIM-66A abgelöst (siehe Seite 218), das auch Ähnlichkeit zur Tartar aufweist.

# Terne Mk.8



**Raketengetriebene Wasserbombe gegen U-Boot-Ziele; in Truppendienst.**

**Hauptauftragnehmer:** A/S Kongsberg Vaapenfabrikk.
**Antrieb:** Zwei konzentrisch angeordnete Feststoff-Raketenmotoren.
**Zelle:** Zylindrischer Rumpf mit kreuzförmig angeordneten Heckflossen. Spitzer Bug, der sich in eine schlanke zylindrische Form verjüngt.
**Lenkung und Steuerung:** Das Sonar des Schiffes bestimmt Reichweite, Peilung und Tiefe des Zieles, bevor die Terne abgefeuert wird. Keine Lenkung während des Fluges.
**Gefechtskopf:** Hochexplosiv, mit kombiniertem akustischem Annäherungs-, Aufschlag- und Zeitzünder, Gewicht 50 kg.
**Länge:** 1,95 m
**Rumpfdurchmesser:** 0,203 m
**Startgewicht:** 135 kg
**Leistungen:** Geheim

## ENTWICKLUNG UND TRUPPENDIENST

Dieses raketengetriebene Wasserbombensystem, das auf den Schiffen der Königlich Norwegischen Marine im Einsatz steht, kann auf Schiffen beliebiger Größe bis hinunter zu kleinen Patrouillebooten montiert werden. Hat das Schiffsonar einmal die Position des gegnerischen U-Bootes festgestellt, so kann innerhalb von fünf Sekunden eine Salve von sechs Terne-Lenkwaffen abgefeuert werden. Die verbesserten Raketenmotoren der Version Terne Mk. 8 liefern die doppelte Reichweite wie bei der früheren Terne Mk. 7-Variante.

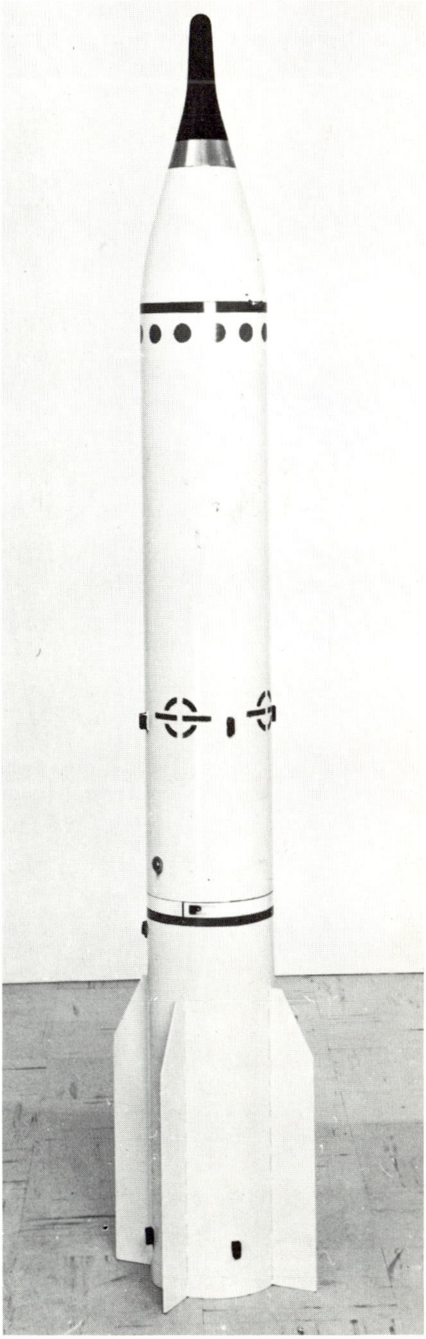

Thunderbird im Einsatz bei der britischen Armee.

# Thunderbird

# Großbritannien

**Boden-Luft-Lenkwaffe; in Truppendienst.**

**Daten** beziehen sich auf Thunderbird Mk. 2.
**Hauptauftragnehmer:** British Aircraft Corporation, Guided Weapons Division.
**Antrieb:** Feststoff-Raketenmotor. Vier abwerfbare Feststoff-Starttriebwerke.
**Zelle:** Zylindrischer Rumpf mit festen, angeordneten Flächen ziemlich weit hinten am Rumpf, fluchtend mit ebenfalls kreuzförmig angeordneten Hecksteuerflächen. Vier Starttriebwerke sind um das Heck herum angeordnet, jedes mit keilförmigem Bug und großer Stabilisierungsflosse. Spitzer Lenkwaffenbug.
**Lenkung und Steuerung:** Halbaktive Radar-Zielsuchlenkung. Steuerung über Heckflächen.
**Gefechtskopf:** Hochexplosiv, mit Annäherungszünder.
**Länge:** 6,35 m
**Rumpfdurchmesser:** 0,53 m
**Spannweite:** 1,63 m
**Gewicht und Leistungen:** Geheim.

## ENTWICKLUNG UND TRUPPENDIENST

Die ursprüngliche Mk. 1-Version der Thunderbird tut heute noch in Saudi-Arabien Dienst, wo man 37 aus britischen Armeebeständen stammende Lenkwaffen und die zugehörigen Startanlagen im Jahre 1967 beschaffte. Die Mk. 2, die schwere Standard-Flugzeugabwehrwaffe der britischen Armee, unterscheidet sich von der Mk. 1 durch größere Reichweitenleistung, höhere Unempfindlichkeit gegen elektronische Gegenmaßnahmen und verbesserte Beweglichkeit. Die ECM-Unempfindlichkeit wurde vor allem durch ein Übergehen auf Dauerstrich-Radar erreicht. Die Thunderbird Mk. 2 steht beim No. 36 Heavy Air Defence Regiment der Royal Artillery im Einsatz, das in der Bundesrepublik stationiert ist. Jede Thunderbird-Batterie besteht aus Überwachungs- und Höhenmeßradar sowie einem Batterie-Kommandoposten, der bis zu sechs Bedienmannschaft-Einheiten kontrolliert. Jede Bedienmannschaft-Einheit umfaßt einen Steuerungsstand, ein Beleuchtungs-Radargerät und drei Lenkwaffen-Startbehälter.
Für den Export bietet BAC ein komplettes Luftverteidigungssystem an, das als Thunderbird 22 bekannt ist. Dazu gehören ein Plessey Radar/Eliott Automation Nomad-Lenkwaffen- und Feuerleitzentrum, entsprechende Radaranlagen und Rapier- und Thunderbird-Lenkwaffenbatterien.

# Tigercat

# Großbritannien

**Boden-Luft-Lenkwaffensystem geringer Reichweite; in Serienbau und Truppendienst.**

**Hauptauftragnehmer:** Short Brothers and Harland Ltd.

## ENTWICKLUNG UND TRUPPENDIENST

Dieses Lenkwaffensystem wurde speziell auf Punktabwehr für Flugplätze und andere wichtige potentielle Zielgebiete an Land ausgelegt. Die Tigercat-Lenkwaffe ist mit der Seacat (siehe Seite 179) identisch, deren Verwendung die Entwicklung des Gesamtsystems beträchtlich beschleunigte, denn sie steht bereits seit 1970 beim RAF-Regiment im Dienst. Ferner setzten die Kaiserlich Iranische Luftwaffe und die Armeen von Argentinien, Jordanien und Quatar sowie das argentinische Marinekorps die Tigercat ein.

Die Tigercat besteht in der mobilen Variante aus einem Dreifachstartgerät-Anhänger und einem Feuerleit-Anhänger, in dem die optische Visier- und Startkontroll-Ausrüstung untergebracht ist. Die beiden Anhänger können von zwei Fahrzeugen wie z. B. Land Rover gezogen werden, auf denen auch die Startmannschaft, zusätzliche Lenkwaffen, der Generator und andere Ausrüstungsgegenstände mitgeführt werden können. Durch eine Vervollständigung des Systems mit einem Überwachungsradar erhält das Tigercat-System Allwettereinsatzfähigkeit bei Tag und bei Nacht.

Tigercat-Startanhänger.

# Titan II (LGM-25C)

# USA

**Ballistische Interkontinental-Lenkwaffe; in Truppendienst.**

**Hauptauftragnehmer:** Martin Marietta Corporation.
**Antrieb:** Erststufe Flüssigtreibstoff-Raketentriebwerk Aerojet-General LR87 (lagerfähig) von 195000 kp Schub. Zweitstufe Flüssigtreibstoff-Raketentriebwerk Aerojet-General LR91 (lagerfähig) von 45360 kp Schub.
**Zelle:** Zweistufen-Auslegung. Zylindrischer Rumpf aus hochwarmfester Aluminiumlegierung, konstanter Durchmesser. Gefechtskopf in stumpf zulaufendem Bugkonus. Keine Flossen oder Flächen.
**Lenkung und Steuerung:** Trägheitslenksystem von AC Electronics. Steuerung durch zwei schwenkbar aufgehängte Düsen der Erststufe und eine Düse der Zweitstufe.
**Gefechtskopf:** Thermonuklear. Unterbringung in Wiedereintrittskörper Mk. 6 von General Electric.
**Länge:** 31,40 m
**max. Rumpfdurchmesser:** 3,05 m
**Startgewicht:** 149690 kg
**Höchstgeschwindigkeit:** 27360 km/h
**max. Reichweite:** 10140 km

## ENTWICKLUNG UND TRUPPENDIENST

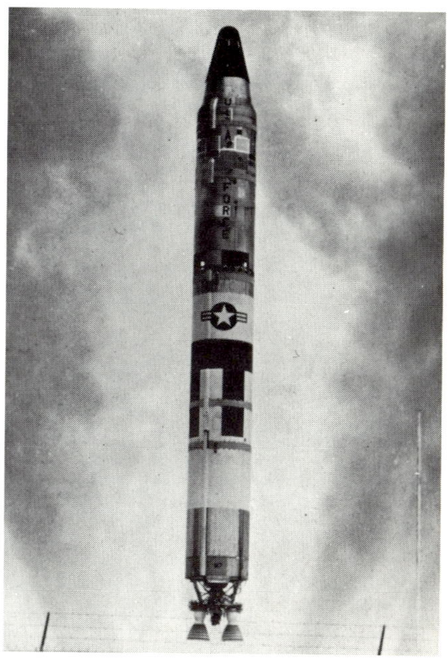

Ursprünglich waren beim Strategic Air Command der USAF zwei große Interkontinentalraketen mit Flüssigantrieb im Einsatz, die Atlas und die Titan. Die Titan I wurde 1962 in Dienst gestellt, im Jahr darauf folgte die Titan II. Dies war bei weitem die schlagkräftigste unter allen amerikanischen Langstreckenlenkwaffen der ersten Generation. Lagerung und Start erfolgten in einem unterirdischen Silo. Die Titan II ist mit dem größten H-Bomben-Gefechtskopf ausgerüstet, den je eine US-Lenkwaffe aufwies. Obwohl die USA ursprünglich der Meinung gewesen waren, sämtliche Interkontinentalraketen mit Flüssigtreibstoff-Raketenmotoren außer Dienst zu stellen – vor allem als die Minuteman-Streitmacht aufgestellt wurde –, entschloß sich die USAF, sechs Titan II-Staffeln mit insgesamt 54 Lenkwaffen zu behalten. Die Titan II sind auf der Davis-Monthan AFB im US-Bundesstaat Arizona sowie auf der McConnell

AFB, Kansas, und auf der Little Rock AFB in Arkansas stationiert. Das Wiedereintrittsystem, das von jeder Titan II mitgeführt wird, ist so ausgelegt, daß seine Geschwindigkeit und seine Flugbahn von vier kleinen Schwenkdüsen korrigiert werden, bevor es von der ausgebrannten Zweitstufe getrennt wird. Die Titan weist fortgeschrittene Durchdringungshilfen auf, um die Erfassung und Zerstörung durch gegnerische Raketenabwehrsysteme extrem zu erschweren.

## TOW (MGM-71A) USA

**Schwere Panzerbekämpfungs-Lenkwaffe; in Serienbau und Truppendienst.**

**Hauptauftragnehmer:** Hughes Aircraft Company.
**Antrieb:** Feststoff-Raketenmotor von Hercules Inc. mit zwei separaten Start-Laufzeiten.
**Zelle:** Zylindrischer Rumpf, der sich nach vorn in den abgerundeten Bugteil geringeren Durchmessers verjüngt. Kreuzförmig angeordnete Flächen auf halbem Weg zwischen Bug und Heck werden im Startbehälter gefaltet und springen nach vorn in Betriebsstellung, wenn die Lenkwaffe den Behälter verläßt. Kreuzförmig angeordnete Hecksteuerflächen geringer Profiltiefe, die zu 45° gegenüber den Flächen versetzt sind und ebenfalls nach dem Start entfaltet werden.
**Lenkung und Steuerung:** Drahtlenkung. Steuerung über Heckflächen.
**Gefechtskopf:** Hochexplosive Hohlladung.
**Länge:** 1,16 m
**max. Rumpfdurchmesser:** 0,15 m
**Startgewicht:** 19 kg
**Höchstgeschwindigkeit:** Hoher Unterschallbereich.
**Reichweitengrenzen:** 25 bis 2000 m

TOW-Dreifachstartanlage auf einem UH-1-Hubschrauber.

### ENTWICKLUNG UND TRUPPENDIENST

Die Panzerbekämpfungs-Lenkwaffe TOW (Tube-launched, Optically-tracked, Wire-Guided = Rohrstart, optische Zielverfolgung, Drahtlenkung) wurde als Ablösung für die 106 mm-Gewehrgranate, die SS.11 und die Entac konzipiert. Sie besteht aus einem GFK-Startrohr, einem Dreibein, einem Schwenk- und Visiersystem, der Elektronikpackung und der TOW-Lenkwaffe in ihrem Transport- bzw. Startbehälter, der aus einem verlängerten

Startrohr besteht. Das Gewicht des Gesamtsystems beträgt 91 kg. Das Gesamtsystem kann jedoch in vier Teile aufgeteilt werden, die von je einem Infanteristen getragen werden. Die Lenkwaffe selbst

TOW-Startanlage auf einem Jeep der US Army.

wird von der Startmannschaft nicht berührt, da sämtliche elektrische und mechanische Verbindungen automatisch zustandekommen, wenn der Behälter in das Startrohr eingebracht wird. Der Feststoff-Treibsatz zündet nur kurze Zeit, die dazu ausreicht, die TOW-Lenkwaffe aus dem Startrohr auszustoßen. Aus Sicherheitsgründen für die Bedienmannschaft legt die Lenkwaffe dann eine gewisse Flugstrecke ohne Eigenantrieb zurück, bevor die Zweitstufe zündet. Zur Lenkung der TOW ins Ziel muß lediglich das Zielbild im Fernrohr-Visier zentriert werden.
Seit 1965 werden mit Erfolg TOW-Schießversuche durchgeführt. Die Fertigung lief im Rahmen eines Dreijahres-Erstauftrages im November 1968 an. Die Auslieferung an die US Army-Einheiten in den USA und in Europa begann im November 1970, und 1971 wählte die Bundesrepublik die TOW als Ersatzmuster der MBB Cobra (siehe Seite 40) aus. Für die Mitführung auf Hubschraubern wie dem Bell UH-1 und AH-1, dem Lockheed AH-56A (inzwischen aufgegeben) und dem Sikorsky S-67 Blackhawk wurde ein Dreifach-Startsystem mit kreiselstabilisiertem Visier entwickelt. Der Kampfhubschrauber Bell King Cobra kann zwei Einheiten mit vier Startbehältern befördern.

## ULMS — USA

**Ballistische Unterwasser-Boden-Lenkwaffe; in Entwicklung.**

**Hauptauftragnehmer:** Lockheed Missiles and Space Company.

### ENTWICKLUNG UND TRUPPENDIENST

ULMS (Undersea Long-Range Missile System = Unterwasser-Lenkwaffensystem großer Reichweite) wird bereits seit einigen Jahren mit dem Ziel untersucht, ein Nachfolgemuster der dritten Generation für die Polaris und Poseidon zu schaffen (s. Seiten 136 und 138). Es besteht die Absicht, im Rahmen des ULMS-Programms ein Waffensystem einer Reichweite von mindestens 9260 km zu entwickeln. Diese Reichweiten-„Reserve“ würde die Ortung und Verfolgung der ULMS-Träger-U-Boote wesentlich erschweren, da es für den Gegner fast aussichtslos wäre, eine Wasserfläche dieser Größe abzusuchen, innerhalb derer das ULMS-Trägerschiff operieren und dennoch auf Schußreichweite am Ziel sein könnte. Außerdem besteht noch die Möglichkeit, das ULMS-Waffensystem auf U-Booten geringer Reichweite zu installieren die innerhalb der US-Küstengewässer kreuzen könnten, in denen eine Ortung durch gegnerisches Sonar beträchlich erschwert wird.

Für ein erstes Forschungs- und Entwicklungsprogramm des ULMS-Konzepts wurde in den Fiskaljahren 1970/71 eine Summe von $ 55 Mio. von der US Navy ausgeschüttet. Die Entscheidung, daß man ein Einsatz-ULMS-System anstrebt, läßt sich darin als bevorstehend erkennen, daß im November 1971 ein $ 25 Mio.-Auftrag an die Lockheed Missiles and Space Company vergeben wurde. Das ULMS-System soll zuerst die Poseidon in den bereits existierenden U-Booten ablösen.

## Vigilant — Großbritannien

**Leichte Panzerbekämpfungs-Lenkwaffe; in Serienbau und Truppendienst.**

**Hauptauftragnehmer:** British Aircraft Corporation, Guided Weapons Division.
**Antrieb:** Zweistufiger Feststoff-Raketenmotor von ICI.
**Zelle:** Zylindrischer Rumpf mit zylindrischem, mittig angesetztem Vorderteil geringeren Durchmessers. Kreuzförmig angeordnete Rechteck-Flächen im Rumpfheck mit einer Steuerklappe an der Hinterkante.

**Lenkung und Steuerung:** Drahtlenkung. Optische Visierlinienkommandos über Daumenbewegungen am Steuerhebel. Steuerung über Flächenklappen.

**Gefechtskopf:** Hohlladung, Gewicht 6 kg. Durchdringt über 55,9 cm Stahlpanzerung.

**Länge:** 1,07 m

**Rumpfdurchmesser:** 0,11 m

**Startgewicht:** 14 kg

**Marschgeschwindigkeit:** 560 km/h

**Reichweitengrenzen:** 230 bis 1375 m

ENTWICKLUNG UND TRUPPENDIENST

Die Vigilant, die erste Panzerbekämpfungs-Lenkwaffe, die in Großbritannien entwickelt wurde, ist klein genug, um von einem Mann getragen und abgefeuert zu werden, und doch so schlagkräftig, daß sie auch die größten bekannten Panzermuster zerstören kann. Die Arbeiten an diesem Projekt wurden 1956 von Vickers Armstrong Aircraft Ltd., heute einer Abteilung von BAC, begonnen. 1964 wurde die Vigilant für die britische Armee ausgewählt. Sie ist heute die Standardwaffe der britischen Infanterie-Bataillone und des Royal Armoured Corps, das sie auf Panzerspähwagen des Typs Ferret 2/6 mitführt. Ferner wurde die Vigilant an die Streitkräfte von Abu Dhabi, Finnland, Kuwait, Libyen und Saudi-Arabien geliefert.

Durch das Vorhandensein eines fortgeschrittenen Geschwindigkeits-Kontrollsystems, das über einen Zweikreisel-Autopilot geregelt wird, wird die Aufgabe des Lenkwaffen-Operators wesentlich erleichtert. Ein durchschnittlich geeigneter Lenkwaffenschütze kann – nach kurzer Einweisung auf die Waffe mit einem Simulator – mit dem ersten Schuß das Ziel treffen. Das Klappen-Steuerungssystem, das statt der gewöhnlich verwendeten Spoiler benützt wird, liefert hohe Manövrierfähigkeit, eine Eigenschaft, die die Vigilant als Kurzstrecken-Lenkwaffe prädestiniert. Die Lenkung arbeitet über optische Visierlinien-Steuerkommandos, wobei die Verfolgung durch ein Flare an der Waffe erleichtert wird. Ein Mann kann bis zu sechs Lenkwaffen kontrollieren.

## Walleye USA

**Luft-Boden-»Gleitbombe«; in Serienbau und Truppendienst.**

**Hauptauftragnehmer:** Martin Marietta Corporation.
**Zelle:** Zylindrischer Rumpf mit sich verjüngendem Heckteil und abgerundetem glasverkleidetem Bug. Kreuzförmig angeordnete Flächen (gekapptes Delta) im Heck mit je einer Steuerfläche an den Hinterkanten.
**Lenkung und Steuerung:** Fernseh-Zielsuch-Lenksystem. Steuerung über Hecksteuerflächen.
**Gefechtskopf:** Hochexplosiv.
**Länge:** 3,43 m
**Rumpfdurchmesser:** 0,38 m
**Spannweite:** 1,14 m
**Startgewicht:** 500 kg

ENTWICKLUNG UND TRUPPENDIENST

Obwohl die Walleye keinen Eigenantrieb besitzt, wurde sie von der US Navy einmal als die genaueste und wirksamste konventionelle Luft-Boden-Waffe bezeichnet, die je auf der Welt entwickelt wurde. Das Naval Weapons Center in China Lake im US-Bundesstaat California zeichnete für die Entwicklung verantwortlich, wobei die Idee darin bestand, eine Bombe zu schaffen, die, nachdem das Trägerflugzeug bereits abgedreht hatte, unbeirrbar ihren Weg ins Ziel weiterverfolgen würde. Den ersten Fertigungsauftrag erhielt Martin Marietta im Januar 1966 zugesprochen. Um dem infolge des Vietnamkrieges entstandenen Bedarf nachzukommen, wurde die Walleye gewisse Zeit auch auf einer zweiten Fertigungsstraße bei der Hughes Aircraft Company produziert. Seit dem Frühjahr 1971 entwickelte man bei Martin Marietta eine Walleye 2-Version, die mit größerem Gefechtskopf ausgestattet ist.

Die Walleye kann von einer ganzen Reihe von Flugzeugen mitgeführt werden, darunter die A-6, A-7, F-105 und F-111. Vor dem Start stellt der Pilot die Fernsehkamera der Lenkwaffe auf das Ziel ein. Dazu benützt er einen Monitorschirm im Cockpit. Hat sich die Kamera einmal auf das Ziel aufgeschaltet, so übernimmt daraufhin der Walleye-Steuermechanismus, der einen Schirm im Inneren der Bombe abtastet und jede Abweichung der Flugbahn vom Ziel während des nicht angetriebenen Fluges der Bombe ausgleicht, die Steuerung.

# Inhalt